原宿表参道
100年先を見据える まちづくり
商店街振興組合原宿表参道欅会［編］

Contents

目次

はじめに ･････････････････････････････････ 6

第1章　未来の原宿表参道まちづくりビジョン ･･････････ 8

1-1　未来の原宿表参道を描く

まちづくり勉強会シリーズ ･････････････････････ 10

目抜き通りの将来像 ･･････････････････････････ 12

住・商・創が混在する街の将来像 ･･･････････････ 16

原宿「ホコ専」構想 ･･････････････････････････ 20

1-2　水と緑のまちづくり

明治神宮表参道のケヤキ並木を後世に引き継ぐ ････ 26

グリーンインフラを活かした住みやすい都市づくり ･･ 34

緑の循環について ･･･････････････････････････ 42

銀座通りの植栽事業 ―まちづくり組織による緑の整備、維持管理の課題と可能性 ･･･ 50

1-3　歩行者中心のまちづくり

リンクとプレイス―歩行者環境データからみる表参道 ･･ 58

健やかな暮らし方を実現するアクティブデザイン ･･ 62

1-4　クリエイティブなまちづくり

価値を創造する都市 ･･････････････････････････ 70

ビジョンを実現するための2つのサイクル ･･････ 78

第2章　まちづくりビジョンを実行するために ･･･････ 80

2-1　アクションを伴ったまちづくり ････････････ 82

2-2　地域発のまちづくりを推進する取り組み ･････ 86

第3章　フォトヒストリー ･････････････････ 92

3-1　100年の歴史から学ぶ ･････････････ 94

3-2　フォトヒストリー

ケヤキ ･･････････････････････････････ 96

神宮前交差点 ････････････････････････ 100

商業 ････････････････････････････････ 104

原宿駅 ･･････････････････････････････ 107

地盤沈下 ････････････････････････････ 108

ホコ天 ･･････････････････････････････ 109

まとめ ･･････････････････････････････････ 112

おわりに ････････････････････････････････ 114

〈表紙画〉

作成：グーチョキパース　　監修：SOCI.inc／一般社団法人ストリートライフ・メイカーズ

はじめに

『原宿表参道
100年先を見据えるまちづくり』
発刊にあたって

　私たち「原宿表参道欅会」は、その前身である原宿シャンゼリゼ会として1973年に設立以来、10年ごとに記念誌を発行してまいりました。前回2013年には『水と緑が共生するまちづくり』を発刊し、地域全体の魅力を掘り下げ、さらに未来へ向かってまちづくりの方向性を提案いたしました。設立50年にあたる2023年には、地域住民、商業者、大手デベロッパー、そしてまちづくりの専門家・研究者を含めて、シリーズとしてのまちづくり勉強会を「原宿神宮前まちづくり協議会」との共催という形で多様なゲストスピーカーを招き、近未来からあるいは100年先を見据えて多くの方々から愛されるまちを模索しております。

　しかし、2020年からは新型コロナウイルスの流行により、勉強会の開催は大変難しい状況になってしまいました。まちづくり勉強会は、ある程度新型コロナウイルスの流行が落ち着いた2022年11月24日を第1回目として開催し、2024年の7月10日まで計7回開催されました。本来であれば2023年12月に発刊されるべき本書はその出版が大幅に遅れてしまいましたが、その内容については大変に興味深いものも多く、この本の中でも紹介しているのでぜひお読みいただきたいと思います。

　さて、今回の勉強会シリーズで私が一番強く感じたのは、まちづくりとは未来を予測して、そこに理想の絵を描き、その実現に向かってハードを整備するということではないということです。端的に申すならば、まちは生き物であるということです。まちは時間と共に成長し、あるいは変化してひとところに留まっているものではないということです。自然環境の変化、社会の変化、それによる生活の変化、こうした変化する社会が作り出すニーズがまちに求められていきます。

　変化する社会状況に応じたまちづくりを考えるため、1章「未来の原宿表参道まちづくりビジョン」では、まちづくり勉強会シリーズで語られたテーマを中心に、目抜き通り（幹線街路）と住宅街について「将来こうありたい」という姿をビジョンとして描きながら、次の3つのまちづくり方針を骨子としています。

　まず1つ目は「水と緑のまちづくり」です。前回発刊した記念誌『水と緑

が共生するまちづくり』で主題にしていましたが、その中でも特に、愛植物設計事務所の山本紀久会長による寄稿『明治神宮表参道のケヤキ並木を後世に引き継ぐ』は、将来の表参道の環境のあり方について考えるためのキーになる提言だと思い、この本でも再掲しています。この提言を前提にしつつ、グリーンインフラやネイチャーポジティブといった現在注目されている概念にも触れながら、ケヤキ並木と地元で育む新たな緑のあり方を模索しています。

　2つ目は「歩行者中心のまちづくり」です。現在、国レベルでも歩行者中心＝ウォーカブルなまちづくりが推し進められています。原宿表参道でもインバウンド需要に伴う歩行者通行量の増加など喫緊の課題もあり、今後考えていかねばならないテーマです。

　3つ目は「クリエイティブなまちづくり」です。住・商が混在する原宿表参道が持つ創造的な価値を改めて評価し、これからの商業、コミュニティのあり方を問い直しています。

　そして、これらのまちづくりビジョンを、"絵に描いた餅"にせず、実行に移すため、2章では「まちづくりビジョンを実行するために」として、社会的・環境的・経済的により良い方向へ変化させていくようなアクションの可能性を紹介しています。さらに3章では「フォトヒストリー」として、原宿表参道の歴史を貴重な写真と共に振り返り、まちづくりビジョンの下敷きとなる地域の成り立ちとこの100年の間の変化を見直しました。

　この本では様々な視点から原宿表参道の可能性を模索しています。しかし前述の通り、この内容の通りにまちづくりを進めていくのではなく、この本を読んだことで、原宿表参道にお住まいの方、働かれている方たちと、原宿表参道の100年先を共に考える、その機会になれば大変嬉しく思います。

商店街振興組合原宿表参道欅会
松井誠一 相談役（前理事長）

Chapter

1

未来の原宿表参道
まちづくりビジョン

未来の原宿表参道を描く
まちづくり勉強会シリーズ

まちづくり勉強会とは

開催日時 | 2022年度から約3ヵ月に1回

目的 |
1. 街路整備の事例を学び、表参道の将来ビジョンづくりに活用する
2. 住民、行政、商店街など様々な主体でまちのビジョンを考える
3. ビジョンの実現に向けたプラットフォームをつくる

成果 | 幹線街路である表参道とその周辺の生活道路のあり方も含めた将来ビジョン案形成

第1回 [2022.11.24]
表参道の歴史と現在

発表者：松井誠一氏（原宿表参道欅会相談役）

歴史と現時点における原宿表参道の将来構想についてディスカッションを行い、関係者間における問題意識の共有を図る。

第2回 [2023.02.15]
表参道の未来―みどりのあり方を考える

ゲスト：福岡孝則氏（東京農業大学教授）

グリーンインフラや緑を軸にしたまちづくりについて学び、表参道のケヤキ並木や住宅地の緑のあり方を考える。

ワークショップ：参加者のお気に入りの緑

第3回 [2023.05.22]
表参道の未来―地元発の街路整備を考える

ゲスト：竹沢えり子氏（銀座通連合会・全銀座会事務局長）

街路樹等植栽の選定や配置、維持管理のほか、滞留空間のあり方などを地域主導で検討し、行政へ提言するにあたり、民間のまちづくり団体に求められる役割や可能性を考える。

本章では、原宿神宮前まちづくり協議会の分科会として実施した、まちづくり勉強会シリーズの成果に基づき、1-1に地域の将来ビジョンを示しています。また、勉強会で企画したゲストレクチャーの内容に基づき、専門家の皆様に寄稿いただきました。

　写真のとおり、多くの地元住民・事業者の皆様に加えて行政関係者にもご参加いただき、前向きなご意見をいただくことができました。本書を通じてビジョンに共感していただいた読者の皆様と共に、その実現に向けた輪をさらに広げていきたいと考えています。

第4回 [2023.07.04]
価値を創造するまち
ゲスト：服部圭郎氏（龍谷大学教授）
商業地と住宅街が共存する魅力ある先進事例を学び、表参道と後背地の生活道路について、それぞれの可能性と課題を考える。現在の用途地域を理解し、住宅街の構想について具体的な検討を進める。

第6回 [2024.03.21]
緑の循環・国内の木材利用について
ゲスト：水谷伸吉氏（一般社団法人 more trees 事務局長）
国内外で実践されている緑の循環プロジェクトについて学び、寿命を迎えつつあるケヤキへの向き合い方を考える。

第5回 [2023.10.19]
健やかな暮らし方を実現する「アクティブデザイン」
ゲスト：野原卓氏（横浜国立大学大学院准教授）
歩行を中心とした身体活動を伴う移動を促す環境要素に基づいた、健康なまちづくり、「アクティブデザイン」のあり方について学ぶ。その中で、表参道における地域住民や商店主によるストリートデザイン・マネジメントやプレイスメイキングの実践について議論し、5年以内に実現できる具体的な取り組みを考える。

話題提供：チーム10M2 によるまちあるき結果

第7回 [2024.07.10]
まちづくり勉強会振り返り
提案したビジョンに対する意見収集ワークショップ

1　未来の原宿表参道まちづくりビジョン ｜ 11

未来の原宿表参道を描く

目抜き通りの将来像

三浦詩乃 一般社団法人 ストリートライフ・メイカーズ／中央大学

原宿表参道まちづくりビジョン

1 原宿表参道の誇りと文化を
形成してきたケヤキ並木の保全
——ケヤキの植え替えサイクルを組み込んだ
ネイチャーポジティブな地域開発とマネジメント

2 生態系と人のつながりを豊かにする
新たな緑
——一人ひとりが関与できる、ささやかでも
多様な緑を育んでいく

3 現住民が住まい続けられるまちへ
——消費機能一色にならないような住・商
混合環境の保全

4 高質なアイデアをまちに実装する
創造的な生産機能
——クリエイターと共生できる、新規住民層を
迎え入れる住まい提案

5 歩行者指向のストリート
——**1～4** を実現する基盤となる幹線街路と
生活道路の運用見直し

現在の問題への対処療法でなく、大きな展望を描く地元発ビジョンとして、上記の5つの価値を継承または創出していくことを「原宿表参道まちづくりビジョン」として提唱する。

これから50～100年間にわたり、エリアに関わっていく多様な主体の一人ひとりがこれらを参照しながら、時宜に応じた手段でハードウェアを更新し、そのマネジメントを実施していくことで、現在の姿よりもさらに質の高い環境を形成する。

目抜き通りの公共空間の方針

直近10～20年のリーディングプロジェクトとして、目抜き通りである表参道（都道413号）の具体方針を提示する。10～20年とは今現在のトレンドやデータからかろうじて予測可能、かつ現世代がストリートの交通体系などを変えていくアクションに責任を持てる時間の長さだ。

まちづくりビジョンの中でも、**1**「原宿表参道の誇りと文化を形成してきたケヤキ並木の保全ーケヤキの植え替えサイクルを組み込んだネイチャーポジティブな地域開発とマネジメント」と**5**「歩行者指向のストリートー**1～4**を実現する基盤となる幹線街路と生活道路の運用見直し」の機動力を高めていく位置付けで、次の2点に取り組んでいく。

❶ 歩道を拡幅*し、その中にケヤキが健やかに育ちやすい根域領域を確保する。
＊両側の現況歩道幅＋第一車線幅

❷ 寿命を迎えたケヤキの木を順次植え替える。古木については移築、またはファニチャー等への再利用を行う。

これらにより、歩行と滞在にもより快適な街路空間へとハードウェアを変えていき、原宿表参道のファッション文化を牽引してきた歩行者天国を復活する。

こうした通りにしていくためには、沿道に用がない通過交通を抑制して、代わりに新しい公共空間の使い方を試していくような、交通社会実験を行う戦略が求められる。実験内容としては、

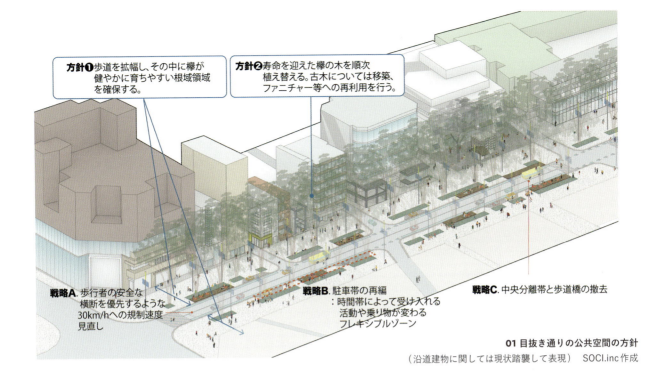

方針❶ 歩道を拡幅し、その中に欅が健やかに育ちやすい根域領域を確保する。

方針❷ 寿命を迎えた欅の木を順次植え替える。古木については移築、ファニチャー等への再利用を行う。

戦略A. 歩行者の安全な横断を優先するような30km/hへの規制速度見直し

戦略B. 駐車帯の再編：時間帯によって受け入れる活動や乗り物が変わるフレキシブルゾーン

戦略C. 中央分離帯と歩道橋の撤去

01 目抜き通りの公共空間の方針
（沿道建物に関しては現状踏襲して表現） SOCI.inc 作成

A. 歩行者の安全な横断を優先するような30km/hへの規制速度見直し

B. 駐車帯の再編

を段階的に行なっていくことが必要だろう。これらは、車から人中心のまちづくりに向けて市街化されたエリアで取り組むべきこととして、イギリス・ロンドンなど首都レベルの都市とその幹線道路でもすでに実施されている。多くのケースで安全向上、環境上の効果や渋滞問題が起きないことが実証されており、表参道においても十分に検討の余地がある。渋滞につながるような待ち行列が発生しないような信号の調整も行ったうえで、半年以上の長期の実験実施によりドライバーの行動転換を促す。駐車帯はフレキシブルゾーンとして、沿道関係者にとって必要な荷捌きや障がい者送迎などの駐車にしぼり、ほかは歩行者の滞在に資する施設としていく。これらが実施されると、歩行者・車・その他の交通手段が互いに注意を払い、空間をシェアしていくような利用方法となるので、車の高速通行を前提とした交通施設、

つまり **C.** 中央分離帯と歩道橋の撤去に至る。

A-C が叶うと、前述の❶、❷の整備基盤が整う。また、結果として子どもたちもお年寄りも、障がいのある方も気軽に平面横断できる地点が増え、インクルーシブな通りになる。商業事業者にとっても、来街者の行き来が盛んになる。

参加者：欅会、沿道大型店舗、神宮研究所、都道管理者など ※町会の方々などは、住・商・創混在エリアのテーブルに参加。テーブル間でも意見共有。	
可能性	木陰になり、歩きやすい
	安全で、親子連れが来れそう
公共空間の方針に対する留意点	神社の参道であることを忘れずに
	[アクセスの必要のある車両への対応策] ・緊急車両を通せる車線幅の確保 ・沿道駐車場へのアクセスと歩道環境の関係性 ・車を停められる時間帯 / 荷捌きスペース確保
	自転車レーンの扱い
	また来たくなるような空間の質とは （自然の豊かさ / 高質な景観）
	欅の樹幹と幅員の関係性
方針に追加すべき点	[地域文脈の反映] ・地形や渋谷川の存在を生かした空間づくり ・これまでの道路幅員の意義に対する見解整理
	[代替案] ・2車線案の代替案としての3車線案 ・真ん中への歩道空間配置 ・表参道から生活道路へ入っていきたくなる工夫 ・歩道幅員拡幅による賑わい形成のイメージ深掘り （どんな歩行者層を求めているのか/歩行者や滞留者の密度感）
発展させたいアイデア	[欅の植え替え] ・プロセス：高い木から／街区ごとに ・植え替えた木はベンチに再利用
	[沿道プラン] ・植え替えによって沿道が露わになることを念頭においた再開発 ・表参道沿いの店の1階部分もオープンスペースの一部と捉える ・立体的な公園空間形成

02 目抜き通りの方針に対するまちづくり協議会ワークショップテーブル意見

表参道は言うまでもなく、明治神宮の参道でもあり、この方針についてはワークショップテーブル意見に示すとおり明治神宮国際神道文化研究所（表中・神宮研究所として表記）の職員の皆さんにも参加していただき、意見をいただいている。こうした意見を踏まえて、方針の代替案（選択肢）を改良し、引き続き比較検討を行なっていく。

1 未来の原宿表参道まちづくりビジョン ｜ 13

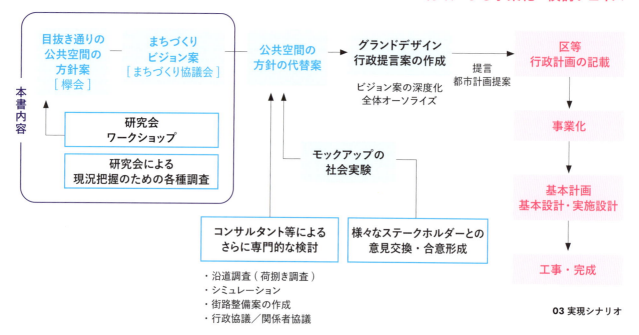

03 実現シナリオ

公共空間の方針の検討プロセス

こうした公共空間の方針は、2021年に欅会と大型商業施設代表者を中心としてワークショップを行い、意見を収集した内容をもとに運営を担った研究会（新街路構想研究会）が取りまとめて、欅会に提案したものである。その後COVID-19パンデミック収束に伴い、より広く地域の方々の参画する原宿神宮前まちづくり協議会を母体としたまちづくり勉強会（p10-11参照）を開き、ワークショップでまとめた公共空間の方針を拠り所としながら、さらに長い時間軸、つまり、これからの50〜100年間において住民と事業者が継承していくべき価値を冒頭の「まちづくりビジョン」としてまとめた。また、前頁のワークショップテーブルの意見もこの勉強会でいただいた。

住まい方に密接に関連する生活道路については、後出「住・商・創が混在する街の将来像」に示す。なお、建築・公共空間デザインの第1人者である太田氏から寄稿いただいた「原宿「ホコ専」構想」は、国際的な都市再生の潮流から見

04 公共空間の方針ワークショップの様子

ると、行政がビジョンに呼応するならば、より大胆な案も不可能ではないという提言として掲載している。

「開かれたプランニング」体制

ビジョンの実現に向けては、①2024年現在、「東京における都市計画道路の整備方針委員会」が立ち上がっており、都道ネットワークの各区間の位置づけの転換に合わせて、区と一体的に働きかけていく、②アクション＝小規模から社会実験を民間主導で企画していく、という大きく二通りの道筋になろう。公共空間の方針で描いたような、ケヤキへ

の対応を行なっていくのであれば、①が望ましい。しかし、住宅街が渋谷区と港区をまたぎ、表参道の道路管理は東京都、という3者と連携していかねばならない神宮前エリアにおいて、円滑に進めていけるかは未知数である。したがって、②のように住民・事業者の実行委員会化など、民間側から、一時的にでも公共空間の方針を試してみせて、都民・区民からの意見をいただき、ニーズを明らかにした上で、共感してくれる行政パートナーとまずは手を取り合う手段も模索せねばならない。

つまり、①だけではなく都民・区民に「開かれたプランニング」として②を戦略的に行なっていく必要がある。②を行うことで、ワークショップテーブル意見にある「発展させたいアイデア」で見られた建築に対する意見などの内容を深めて、沿道デザインルールを策定していくことにもつながるだろう。

こうしたことを行なっていく、「開かれたプランニング」体制は 05 に示すとおりである。ケヤキの植え替え・再生を中心としつつ、ビジョン実現のために勉強会の構成員（原宿神宮前まちづくり協議会）とともに活動し、行政に計画を提案していく主体となりうる公益性の高い一般社団法人として、「水と緑のまち」が設立された。こうした役割を担う上で「水と緑のまち」は、例えば、都市再生推進法人（行政の補完的機能を担いうるとして認定される団体。都市再生特別措置法に基づき、行政が指定する）となる選択肢もあるだろう。特にケヤキの植え替えに関しては、銀座の竹沢氏（後出1-2）に示唆いただいたとおり、民間提案することによって、これまで以上に行政からその費用や管理の分担を求められる可能性が高い。ケヤキの循環戦略は地域の生態系コリドーの持続可能性を高め、住民にとっても環境にやさしい徒歩や自転車等の移動手段を促進する。公共空間の方針はネイチャーポジティブな取り組みそのものであり、実施財源を官民双方で捻出していく方法（例えば、米国の Business Improvement District のようにケヤキの価値を享受する沿道全体から協力金を得ていく仕組みや行政側がグリーンボンドで資金調達するなど）については、本書出版後の勉強会での検討課題になろう。まちづくりビジョンをはじめとしたまちづくり協議会の取り組みについて、構成員外にも普及していくこと、そして、公共空間の方針の中でも最も短期で動かしやすい内容（駐車帯再編のような小さな実験、路上活用）を行なっていくような主体を発掘していくことも、機運を高めていく上で求められる。後出2章に示すような活動を行う、任意団体として「チーム 10M2」が、協議会メンバーの有志によって構成され、その役割を担おうとしている。

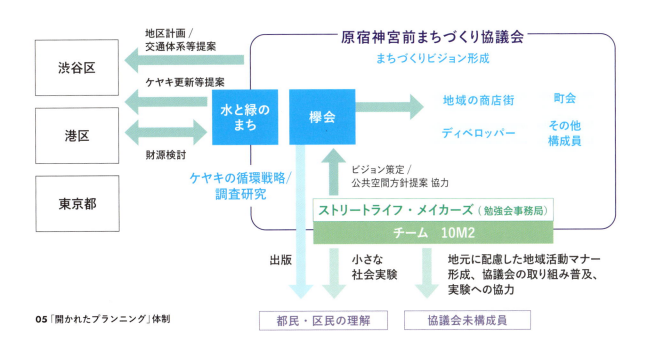

05「開かれたプランニング」体制

1 未来の原宿表参道まちづくりビジョン | 15

未来の原宿表参道を描く

住・商・創が混在する街の将来像

石田祐也　一般社団法人 ストリートライフ・メイカーズ／合同会社ishau／一般社団法人ソトノバ

協力：東京農業大学 ランドスケープデザイン・情報学研究室

　「原宿表参道まちづくりビジョン」で掲げたうち、渋谷川の記憶を引き継ぎ、生活道路のネットワークで構成された住宅街は2「生態系と人のつながりを豊かにする新たな緑」、3「現住民が住まい続けられるまちへ」、4「高質なアイデアをまちに実装する創造的な生産機能」の実現を図る。住・商・創が混在する街として成熟していく将来像を描く。

生態系と人のつながりを豊かにする新たな緑

　まず、2「生態系と人のつながりを豊かにする新たな緑」については、勉強会に参加いただいた東京農業大学・ランドスケープデザイン・情報学研究室による提案を掲載する。アイデア1は、生活道路と目抜き通りの間にある地形的特徴に来街者が憩える可能性を見出し、滞在空間として演出する案である。アイデア2はデッドスペースとして見過ごされがちな空間を、住民たちが交流できる「辻」として捉え直し、緑化する案だ。アイデア3は、民地の屋上空間の緑被率を高めることで、社と参道という関係性だけではなく、生態系ネットワークとしても神宮の森との連携を深めるイメージを示している。同時に商業や生活空間とかけ合わせることによって創出可能な立体的なみどりを提案している。そしてアイデア4は旧原宿中学校跡地という具体的な施設を対象に、公園化・都市農地化を提案した。こうした小さな緑を紡いで、良質な住環境やコミュニティ形成を図るアイデアは、後出1-3で野原氏が解説した「（近づきやすい、いろんな活動が誘発しやすい状況を生み出す）身体活動を促す都市空間」としても価値を高めることにつながる。

01 アイデア1 緑の門（ランドスケープデザイン・情報学研究室）

02,03 アイデア2 ちょっとだけスペース（ランドスケープデザイン・情報学研究室）

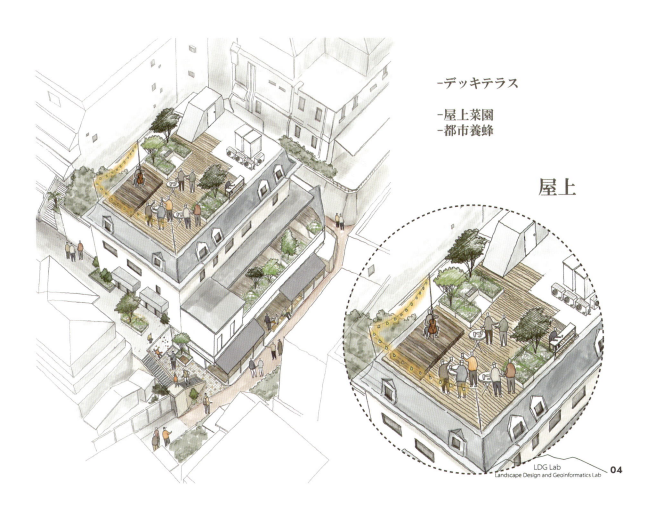

グリーンインフラを活かした
住みやすい都市づくり　都市の再生・再編集

04,05 アイデア3 建物・公共空間・神宮の森で構成されるアーバン・グリーンインフラ
（ランドスケープデザイン・情報学研究室）

1　未来の原宿表参道まちづくりビジョン ｜ 17

06 アイデア4 旧原宿中学校跡地の活用
（ランドスケープデザイン・情報学研究室）

高質なアイデアをまちに実装する創造的な生産機能

では、4「高質なアイデアをまちに実装する創造的な生産機能」のために、住まいはどのように変わっていけば良いだろうか？クリエイターたちを惹きつけてきた原宿表参道エリアの価値は、服部氏が後出1-4で指摘しているように、プロダクトの消費機能だけでなく、生産機能も有してきたところにある。ランドスケープデザイン・情報学研究室による4つのアイデアが示したように公共空間や近隣施設が緑豊かかつ健康的に質が高まっていけば、クリエイターたちからの注目も集まるに違いない。そうした環境に接続する居場所として、地上階はアトリエ／アートインレジデンスのような用途、それを取り巻くように建物のセットバックによる公開空地を提案した（07）。隣接する数軒のコーポラティブによる中庭空間を配置した建替えなども同様の居場所になるだろう。クリエイターによる表現活動や交流が行われやすくなり、ビルオーナーとなる現在の住民の方にとっても、1階の賃料で稼げること、クリエイターとの交流を介してしか得られない情報や体験によって生活に彩りが生まれる。こうした住まいが増えていけば、住まうことを諦めて住民が去っていき、相続対策として土地資産が切り刻まれることなく、住・商・創が混在する街として、エリア全体の価値が維持されていく可能性も高まるのではないか。

ただし、昔から住まい続けてきた住民の居住スペースの確保には、高さ制限の規定を幾分か緩和することが必要になってくるかもしれない。そこで、この提案に共感する住民がいると信じ、ぜひ共に街区内および街路を挟んだ街区の現況を踏まえながら、住・商・創が調和するボリュームを検討する最初のモデルケースを検討していただきたい。モデルが成功すれば、町会ごとに建物と公開空地、公共空間を対象とした協定案を持っておき、それに従うような容積の調整については認可してもらうといった住宅のアップデートのシステム化に発展するだろう。このような敷地を小割にしていかないように保全する建築協定が、戸建住宅価格に正の影響を与えていること、さらに策定から20年以上経過した地区では、その影響がより大きいことが既往研究[注]で示されている。

ワークショップのテーブル意見が示唆するように、実際にこうした新たな住まいが地域に受け入れられるには、"庭"のように穏やかに空間を使いこなせるようなマナーを遵守できるクリエイターに入っていただくこと、住民の方のプライバシー空間（生活動線など）の区分、町会にとっての利便空間を備えた場合の優遇措置など、デザイン・マネジメント方針について引き続き議論を尽くしていかねばならない。

注) 谷下 雅義, 長谷川 貴陽史, 清水 千弘：地区計画・建築協定の規制が戸建住宅価格に及ぼす影響, 都市住宅学, 2012巻, 76号, p.104-111（なお、50区画以上の規模でかけた場合。建築に対する規制ではない。）

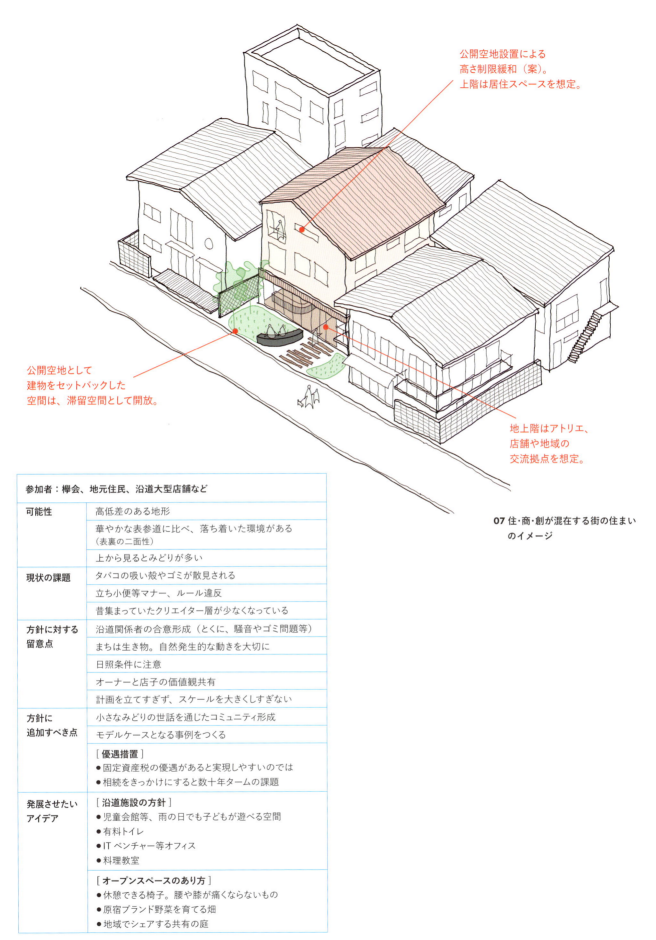

07 住・商・創が混在する街の住まいのイメージ

参加者：欅会、地元住民、沿道大型店舗など	
可能性	高低差のある地形
	華やかな表参道に比べ、落ち着いた環境がある（表裏の二面性）
	上から見るとみどりが多い
現状の課題	タバコの吸い殻やゴミが散見される
	立ち小便等マナー、ルール違反
	昔集まっていたクリエイター層が少なくなっている
方針に対する留意点	沿道関係者の合意形成（とくに、騒音やゴミ問題等）
	まちは生き物。自然発生的な動きを大切に
	日照条件に注意
	オーナーと店子の価値観共有
	計画を立てすぎず、スケールを大きくしすぎない
方針に追加すべき点	小さなみどりの世話を通じたコミュニティ形成
	モデルケースとなる事例をつくる
	［優遇措置］ ●固定資産税の優遇があると実現しやすいのでは ●相続をきっかけにすると数十年タームの課題
発展させたいアイデア	［沿道施設の方針］ ●児童会館等、雨の日でも子どもが遊べる空間 ●有料トイレ ●IT ベンチャー等オフィス ●料理教室
	［オープンスペースのあり方］ ●休憩できる椅子。腰や膝が痛くならないもの ●原宿ブランド野菜を育てる畑 ●地域でシェアする共有の庭

08 住・商・創混在エリアの方針に対するまちづくり協議会ワークショップテーブル意見

1 未来の原宿表参道まちづくりビジョン | 19

未来の原宿表参道を描く

原宿「ホコ専」構想

太田浩史 株式会社ヌーブ一級建築士事務所

協力：石田祐也 一般社団法人 ストリートライフ・メイカーズ／合同会社ishau／一般社団法人ソトノバ

> " 表参道と放射23号線を
> ホコ専にできたなら、それは今度は
> 「世界のランウェイ」となるだろう。"
>
> ―――――― 太田浩史

　2027年5月8日、あのホコ天誕生から50年の区切りを原宿は迎える。ホコ天が残したもの、つまりファッション、音楽、パフォーマンス、そして何よりこの街は楽しいと日本中に与えた印象を考えると、原宿の発展には欠かせなかった出来事だったことがよく分かる。しかし1996年、惜しまれつつもホコ天は消えた。当時はコペンハーゲンやストラスブールなど、世界中の都市が競うように歩行者専用道を整備していた時期だったから、原宿ホコ天の廃止は、東京、そして日本のアーバニズムの後退を印象づける、「時代に逆行する話」[注01]だと私には思われた。それから30年近くが経った今、ニューヨークのブロードウェイ、ロンドンのオックスフォードストリート、パリのシャンゼリゼなど、世界の大都市がメインストリートの歩行者専用道化を進め、それを受ける形で日本でも「ウォーカブルなまちづくり」の議論が活発化している。ならば、東京を代表するストリートである表参道は、ホコ天の経験から何を学び、どのように歩行者中心のまちをつくっていくべきか。本稿ではそれを考えたい。

原宿ホコ天がもたらしたもの

　日本の歩行者天国は、1969年8月の旭川の買物公園の社会実験に端を発する。象徴的なのは、その2週間ほど前、新宿駅西口地下広場が「地下通路」と名前を変えられ、広場を占拠していた人々が排除された、あの有名な事件が起きていたということである。戦後民主主義のシンボルだった50・60年代の「広場」が、サブカルチャーと商業主義に立脚する70・80年代の「ストリート」へと移行する、その幕開けを告げたのが歩行者天国だった。翌1970年8月には、銀座、新宿、池袋、浅草、神戸、奈良などで歩行者天国が本格開始。歩行者天国は運動のように日本全体に広がり、1980年には全国で1220区間、総延長で398キロに達するに至った[注02]。

　原宿でホコ天が始まったのは1977年（03）。意外にも、銀座や新宿より7年も遅い。遅かったのは実施の理由がほかとは違ったからで、1975年頃に表参道に集まるようになった暴走族を排除しようとしたためである。彼らのヒーローは舘ひろしと岩城滉一を擁するバイクチームのクールスで、岩城滉一は映画スターとして、残りのメンバーはロックバンドとしてデビューして大人気だった。クールスがたむろしていた表参道は、自ずとバイカーの聖地となったのである。

01 表参道から代々木公園にかけてのホコ専を望む。ホコ専化は代々木競技場の世界遺産への登録推進とも関連する。

丁度その頃、原宿は大きな変貌を遂げていた。1972年に千代田線の表参道駅と明治神宮前駅が開設されたのに続き、1974年にパレ・フランスが、1978年にラフォーレ原宿がオープンした。周辺のキャットストリートではクリームソーダが1976年に、竹下通りではブティック竹の子が1978年にオープンし、原宿はファッションの街として人気を集めるようになっていた。注目されるのは、これにパルコが1973年にオープンした公園通りを加えると、キャットストリート、表参道、駅の西側の放射23号線、公園通りをつなぐ約3キロの歩行者空間ができ、渋谷〜原宿間に巨大な回遊性が生まれたことである（**02**）。お気に入りの服を買ったなら、それを原宿で着てみようという話になるから、これらの道は開かれたランウェイのように洒落者で溢れ、それを見かけた者たちが、またお店に足を運んだ。店の繁盛は新たな出店を引き寄せ、原宿の商業集積が加速した。ホコ天は、地域経済を成長させる原動力となったのである。

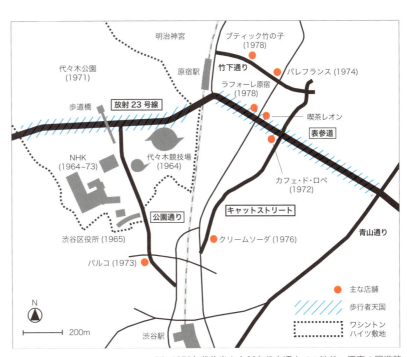

02 1970年代後半から90年代中頃までの渋谷〜原宿の回遊路

1 未来の原宿表参道まちづくりビジョン | 21

03　1983年の表参道ホコ天の様子（写真：原宿表参道欅会）

さて、1979年5月の朝日新聞に、表参道のホコ天で踊っていたローラー族が「ここは歩くところで踊るところではない」と警察に制止され、代々木公園の方に追いやられたという話が載っている[注03]。

そして翌年3月の同紙には、「青空ディスコ、原宿に定着」という記事があり[注04]、代々木公園側で300人の竹の子族が踊り、3,000人の見物人で賑わったと伝えている。この年は表参道のホコ天が放射23号線に延長された年だったのだが、何らかの理由で新しい放射23号線側ではダンスが可能となったらしい。その理由はずっと謎だったのだが、1980年のNHKのドキュメンタリー番組が数年前にネットにアップされ、判明した[注05]。表参道は原宿警察署、放射23号線は代々木警察署の管轄で、それぞれの方針が違ったのである。番組中、原宿署が「いけないことはいけない」と一蹴するのに対し、当時代々木署次長だった鹿山昭夫氏は、喫煙や飲酒に対しては補導班がしっかり対応していると述べつつも、「子どものやることですから、トラブルがなければ警察が目くじらを立てる話ではない」と、路上での集会を許容している。鹿山氏は代々木署に来る前、新宿の少年センターに在籍されていたそうなので[注06]、居場所のない若者たちが街で集まる気持ちをよく分かっていたのではないだろうか。鹿山氏、もしくは代々木署の理解がなければ、ローラー族も竹の子族も、柳葉敏郎を生んだ一世風靡も、JUN SKY WALKER(S)も、THE BOOMも、インディーズ時代のスピッツもホコ天で活動することはできなかった。日本のカルチャーに与えた影響を考えると、その功績は語り尽くせない。

さて、ホコ天の廃止について触れなければならない。1989年、ホコ天から命名されたであろうTBSの深夜番組「イカ天」で、ホコ天で演奏していたバンドが勝ち抜き戦を繰り広げたため、彼ら見たさにホコ天への来訪者数はピークに達した。滝川久氏の歴史的な調査によると、前年では最大でも31組であったバンドの数が、この年の11月には65組と倍増し[注07]、ファンの女の子が前夜入りしたり、騒音が問題化したりと、トラブルが激増したという。何人かのバンドマンが危機感を感じて事態収拾を呼びかけたが事態は変わらず、そこに巨大化した出稼ぎイラン人のマーケットや、天皇制反対のデモなどが加わって、ホコ天は巨大なカオス空間となっていった。エリアマネジメントという言葉もなかった当時、公共空間をどのように運営すれば良いのか、誰も分からなかったのである。

そして1996年、渋滞と騒音を理由に、警視庁は放射23号線の「試験中止」を決定する。「年間を通じて歩行者天国とするよりも、ゴールデンウィークや花見の季節に限って車を規制する方が実態に合う」というのが彼らの見解だった[注08]。反対運動や署名運動が起こったものの黙殺され、1998年、中心区間を表参道に延長するかたちでホコ天の全区間が中止された。ホコ天最後の8月31日、路上のゴミをローラー族が黙々と片付けていたという。

ホコ天から「ホコ専」へ

あらためて、原宿ホコ天を総括する。まず、①その実施によって、原宿は全国的な文化発信力を持つようになり、来街者が増えるなど地域経済への効果があった。空間的には、②キャットスト

リートや公園通りを含んだ巨大な回遊路が生まれ、その影響が渋谷〜原宿間に面的に拡がった。しかしながら、③特に放射23号線側でマネジメントがなされず、自壊するような形で廃止となった。これらの教訓は、すでに30年前に原宿が「ウォーカブルなまちづくり」の先の世界に触れていたことを教えてくれる。特に②の巨大な回遊路に関しては、細街路、ケヤキ並木、公園、坂道と景観の変化も豊かな上、その要所要所をファッション店やカフェが占める、絶妙な配置を持つものだった。

それゆえに、ウォーカブルな原宿の「再現」にあたっては、表参道と放射23号線の連続性が大きな鍵となるだろう。その理由のひとつは回遊性のため、もうひとつは原宿の歩行者空間を、日本を代表する集いの場、文化創造の場とするためである。マネジメントの課題も含め、放射23号線の経験を欠かすことはできない。「原宿ホコ天」は全国的な思い出だから、当時のような規模も必要であろう。

次に考慮するのは、歩行者空間の形態である。「ゴールデンウィークや花見の季節」に限った一時的な歩行者天国か、それとも恒久的な歩行者専用道か。最も効果があるのは安全かつ景観的にも優れた恒久的な歩行者専用道で、だからこそロンドンやニューヨークも恒久的な歩行者専用道を目指しているが、それなりの自動車交通がある表参道と放射23号線において、自動車を締め出すことに理屈は立つのか。それ以前に、なぜ参道なのに車が走っているのだろうか。

誤解されやすいが、表参道は関東大震災後の震災復興事業によるものではない。明治通りと同潤会アパートは復興事業ではあるが、表参道の整備は1919年と、関東大震災の4年前である。1913年に決まった明治神宮造営に際して12間（22m）の幅員で構想したところ、代々木練兵場（現在の代々木公園）へのアクセスや将来の自動車利用もあるとして、幅員20間（36m）での建設が決まった[09]。その後、第二次世界大戦後まで表参道は明治神宮を一端とする行き止まりの道であったが、1964年の東京オリンピックに合わせて放射23号線が代々木体育館とともに作られ、通過交通の道となった（暴走族が来やすくなった理由でもある）。もともと戦災復興計画では放射23号線は外苑前から原宿駅まで神宮前三丁目（表参道の北側地区）を突っ切るよう別の道として計画されていたのが、その建設が叶わなかったため、表参道が放射23号線の役割を担わされることになったのである。参道でありながら通過交通の車も走るという不思議な状況は、こうした損な役回りによるものだった。

参道と車道の不思議な共存を解消し、原宿の将来の基盤となる歩行者空間を恒久的なかたちでつくることはできないか。このできそうもない課題を、筆者らは長年考えてきた。放射道路の一部である表参道から車を締め出せば、青山通りから井の頭通りに抜けようとする交通需要に応えられない。ならば自動車道埋設という方法もあるが、表参道の地下には千代田線が走り、埋設道路は渋谷川と山手線にぶつかってしまうから不可能だろうと考えてきた。しかし、1983年の「千代田線建設史」[注10]に掲載された明治神宮前駅の図面を何度も見るうちに、原宿駅前で約20mと、千代田線が思った以上に深い場所を走っているため、山手線の切り通しの「下」に埋設道路を通せることに気が付いた。平面的には、現在の表参道と放射23号線をなぞるルートと、コープオリンピアの地下を経由するルートの2通りが考えられ、後者は明治神宮前駅への影響が圧倒的に少ないという利点があるが、民有地を含む提案となるため検討しない。また、神宮前交差点から青山通りまでの道路埋設も検討したいが、この区間での千代田線のトンネルは浅く、渋谷川の横断が不可避となるため今回は見送った。伝説ともいえる原宿のホコ天を、歩行者専用道＝「ホコ専」として蘇らせることは可能だろうか。

1 未来の原宿表参道まちづくりビジョン｜　23

世界のランウェイ

　04 に図示したように、千代田線の線路は深く、明治神宮前駅は地下３階建ての構造となっている。「千代田線建設史」によると、地下１階には原宿駅側からの改札と券売機室、トイレ、詰め所、会議室とコンコースが、地下２階には表参道交差点側からの改札口、電気室や換気室、それから電車区および車掌区などの執務室が配されており、地下３階がプラットフォームとなっている。原宿側からの改札口を表参道交差点側と同じ地下２階に下げると、地下１階のコンコース部分を車道として使えることになり、その車道がちょうど山手線の切り通しの下をくぐる高さとなる。これにより地上部をホコ専とすることが可能となるが、竹下通りから代々木競技場側に抜ける車道が使えなくなるため、2020年に上野駅の公園口で行われたような、ロータリーによる車道分断の措置が必要となる。ほかにも迂回路の整備や地下鉄駅出入口の再設定、代々木競技場の世界遺産登録に向けた環境整備など多くの課題があるから、公民連携による詳細なスキームの検討が必要だろう。

　原宿ホコ専は大きく、長期的な夢である。しかし世界の都市再生を考えると、ボストン、マルセイユ、ヨーテボリ、デュッセルドルフ、リオデジャネイロは、自動車道路の埋設を行い、跡地を公園とした。特にボストンは25年の歳月と148億ドル（約１兆6000億円）のコストをかけ、12.5キロの高速道路を地下道する「ビッグ・ディグ」を行い、今も世界中の注目を集めている。地下鉄駅のコンコースをトンネルにしたケースは見ないが、トンネルを美術館の展示室にした逆のケースならばシュトゥットガルトの中心市街地に存在する。こうした大胆な挑戦を、原宿ができないということがあるだろうか。

　表参道と放射23号線をホコ専にできたなら、それは今度は世界中の個性が集まり創造性を発揮する、「世界のランウェイ」となるだろう。原宿には、いつまでも実験的な街であってほしいと私は思う。

太田浩史（おおた・ひろし）
1968年東京生まれ。博士（工学）／技術士（都市及び地方計画）。1991年東京大学大学院研究科建築学専攻修士課程修了。東京大学生産技術研究所助手を経て、2000年デザインヌーブ共同設立。2003～08年、東京大学国際都市再生センター特任研究員、2009～2015年 東京大学生産技術研究所講師。2015年より（株）ヌーブ代表取締役。作品に「南阿蘇鉄道高森駅」「PopulouSCAPE」、共著に『シビックプライド』など。2002年より東京ピクニッククラブ共同主宰。本籍は原宿神宮前。

注01：吉見俊哉東京大学助教授（当時）のコメント，「原宿ホコ天 車道に戻す」，朝日新聞，1996年1月6日紙面
注02：「恒久的歩行者専用空間の持続的マネジメントに関する研究」，三浦詩乃，2012
注03：「仲間を呼ぶ踊りの輪」，朝日新聞，1979年5月22日紙面
注04：「青空ディスコ 原宿に定着」，朝日新聞，1980年3月17日紙面
注05：「原宿24時 昭和55年」，NHK，1980
注06：「少年補導センターの活動」，鹿山昭夫，青少年問題，20(12)，1973
注07：「原宿サンダー通り ホコ天ローラーサウンドムーブメント」，滝川久編，はるふゆ出版，1992
注08：「原宿ホコ天 車道に戻す」，朝日新聞，1996年1月6日紙面
注09：永瀬節治，「近代的並木街路としての明治神宮表参道の成立経緯について」，ランドスケープ研究，2010
注10：「東京地下鉄道 千代田線建設史」，帝都高速度交通営団，1983

04 断面図・平面図：神宮前交差点で地下に入った車道は千代田線明治神宮前の1Fコンコース部分を通り、山手線の下をくぐりながら、代々木公園と代々木競技場の間を通る放射23号線の公園通り西側で地上に戻る。これにより、参道に相応しい700mの「ホコ専」化が実現できる。

05 神宮前交差点から明治神宮方面を見る。ホコ専化により、道路空間の使われ方は一変する。表参道は単なる道を越え、世界中の個性が集まる世界のランウェイとなるだろう。

1 未来の原宿表参道まちづくりビジョン ｜ 25

水と緑のまちづくり
明治神宮表参道のケヤキ並木を後世に引き継ぐ

山本紀久　愛植物設計事務所

> " ケヤキの衰退が加速している状況を見れば、いますぐに行動を起こしたとしても早すぎることはない。"
>
> ——————山本紀久

はじめに

　この資料は、「原宿表参道欅会」の掲げる、「明治神宮の表参道のケヤキ並木を保全し、末永く維持していくための具体の方策」を、一造園家の立場から提案したものである。

　提案の内容は「現在のケヤキ並木を、明治神宮の表参道にふさわしい風格と景趣を備え、かつ近代的な街路樹としての健全性と安全性を併せ持つ並木として、永続的に後世に引き継いでいくための、現場に即した具体的な試案」である。

提案の要点

　具体の要点は、①樹体の健全性維持のための「植栽基盤の確保」、②明治神宮参道並木を象徴する「参道舗装帯のデザインと利用」、③道路空間に調和する樹形を永続的に維持するための「剪定マニュアルの作成」、④古木・衰弱木の若木への「更新システムの確立」の4点である。

植栽基盤の確保

　樹木の健全性は、水分や養分を吸収し、樹体を維持するための根茎が伸びている地下部と、十分な太陽光を受け止めるための地上部の枝葉の広がりのバランスが取れていることによって維持される。

　これを現状に照らせば、巨木となったケヤキの根茎は、歩車道の路盤の締め固めと不透水舗装によって、樹体の健全性維持に不可欠な水分と栄養

01 古木の枯枝の落枝が進行している

02 歩道に接した駐車帯

03 パーキング表示

04
明治神宮表参道は、青山通りを起点に明治神宮内苑入り口前にいたる約1kmの直線道路で、沿道に連なるケヤキによって特徴づけられ、青山通り側の入り口には、参宮道路としての常夜灯が備えられている（右の写真）。車道は片側3車線あるが、歩道よりの1車線は駐車帯として利用されている／青山通り側の入り口設けられた常夜灯

分が供給されずに衰退が加速され、年毎に枯れ枝の落枝による問題が増加している（**01**）。

その根本解決には、根茎が広がる地下部の空間をできるだけ広く確保することしかない。その広がりは広いほどよいが、横断的な広がりは、道路構造上の制約があるため、必要最小限度の幅員として、幹を中心に左右2m、計4mの広がりを確保する。

一方、縦断方向は、根茎が道路に沿って左右に伸びられるように、4mの幅員を帯状に連続させる。またその深さは最低でも4mは確保し、良質な植栽土壌を充填する。しかしこれを具体化するためには、車道側に2m以上の幅員の植栽基盤帯を確保する必要があり、唯一の解決策が、車道スペースの一部を歩道スペースに切り替えることである。

その可能性を現状から推察すると、現在交通用に利用しているのは、片側2車線で、歩道よりの1車線は、駐車スペースとして利用されている（**01,02,03**）ことから、この駐車帯を廃止して、その分を歩道部分に組み込むことは可能である。この提案は、そのことを前提としている。

参道舗装帯のデザインと利用

05と**06**は、明治神宮と表参道とが一体となっている往時の写真であり、これを見れば表参道

05 遠くに明治神宮の大鳥居が望まれる表参道の景観
所蔵：国会図書館

06 明治神宮の杜と表参道（明治神宮所蔵）

1 未来の原宿表参道まちづくりビジョン | 27

07 現状の歩道の敷石

08 参道特有の敷石（明治神宮本殿前）

09 神宮を意識してデザインされた街路灯

10 神社の玉垣を意識してデザインされた人止柵

が、明治神宮のためにあることは明快である。しかし現在では、「表参道」は地域の名称として意識され、そこを利用する人たちのほとんどが、このケヤキ並木が、明治神宮の参道並木であることを意識していない。その大きな理由は、沿道に立ち並ぶ商業施設に人々の意識が向いてしまうこともあるが、その意識をさらに助長しているのが、歩道の敷石のデザインである。現状の歩道の敷石は、さまざまな色合いの大小の御影石本石を用い、目地による方向性は意識していないため、ここを歩く人にとっては、この道が明治神宮に向かっているという意識は持ちにくい（**07**）。

　一方、神社の参道の敷石は、長方形の敷石を神社に向かって縦長の方向に敷き詰め、目的に向けての方向性を明確にしているのが特徴である（**08**）。このことから、ケヤキの足元に確保される幅4mの帯状のスペースの表層部分を参道としての敷石に変えることで、本来の表参道としての景観性が強調される。また、**09**と**10**は、現状の街路灯と人止柵であるが、いずれも明治神

宮を意識したデザインになっているので、それらは、そのまま活かしていくことでその効果も強調される。

さらに、この新たに付加された空間は、単に景観性だけでなく、利用上にも次のような利点が生まれる。①現在は車からも、歩行者からも邪魔にされている自転車の、走行や駐輪スペースを確保できる（**11,12**）。②現在は歩道脇や植栽帯の中に、適宜置かれている電話ボックス、ゴミ箱、サイン、案内板などを計画的に見栄えよく配置できる（**13,14**）。③参道利用者にとっては必要ではあるが現在は設置されていない、ベンチの設置も可能になる（**15**）。なおそのためには、現状の植栽帯の低木類は除去することになる。図**01**は、ケヤキ並木と参道舗装帯の関係を表したものである。

剪定マニュアルの作成

ケヤキ並木の美しさは、ケヤキ特有の扇形の自然樹形の規則的な連なりにあるが、街路樹の場合は継続的な剪定によって、道路空間の制約の範囲におさめておくことが不可欠となる。

これを現状に照らせば、15mを超える樹高に対して、歩道側の枝は、枝先が切り詰められ、下枝も高く切り上げられているために、重心の上がった縦長の不安定な樹形となり、重心の低い美しい傘型の大樹が醸すケヤキ本来の風格が失われてしまっている（図**02**）。

その根本解決には、まず現状の道路空間に調和した目標樹形を決め、それに向けて計画的に剪定していくことになる。目標樹形を決めるにあたっての条件としては、車道側の枝下高4.5m以上、歩道側2.5m以上を確保することのほかに、将来にわたってその樹形を維持するために、一般の高所作業車での剪定が可能な形状にすることが前提となる。

図**03**は、以上の条件を勘案した結果の目標樹

11 歩道にはみ出して乱雑に置かれている自転車

12 自転車走行の規制看板

13 陶板のサイン

14 ゴミ箱

15 人止柵がベンチ代わりになっている

形であるが、現状のケヤキと目標樹形との樹高の落差は大きく、これを剪定によって縮めるためには、太い枝をぶつ切りにしなくてはならず、萌芽力が衰退している古木に対して行うことは枯死を早めることになり、非現実的である。そこで、新たな目標樹形の対象樹は、現在でも目標樹形の範囲におさまっている若木と今後更新される新植樹について適用していく。

高所作業車による枝先の剪定位置は、高所作業車が余裕を持って作業ができる、高さ12m程

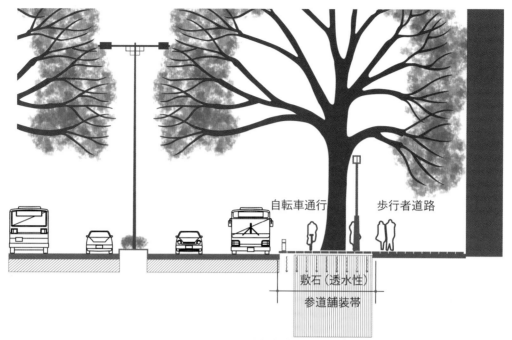

図01 参道舗装帯

度とし、その後にそこから萌芽する枝先（側枝）の長さ約2〜3m程度を加え、最終的な樹高は、14〜15mにおさめ、枝幅も同様に保てば、ケヤキ本来の広い傘型樹形の優美な並木となる。

更新システムの確立

街路樹を何世代にもわたって維持していく中での最大の課題は、衰退していく古木を若木に更新していくシステムが確立されていないことである。その理由は、街路樹には、樹齢や活力度に個体差があり、若木への切り替えの判断がしにくいことのほかに、たとえ更新が必要だと判断されても、長い年月を経て舗装の下にまで広く伸びている根茎を掘り取るには、植栽枡や周辺の舗装を外さなくてはならず、その際の交通規制や舗装の復元などのために多大な時間と費用がかかることがネックとなっている。

もう一つは、地域住民や神宮関係者の由緒あるケヤキの古木に対する心情の問題である。街路樹の若木への更新のタイミングは、古木が衰退していく過程で、枯れ枝や衰弱枝が多くなり、落枝による人や車への事故が多発する前に見極めをつけて処置することになる。しかし除去する樹木は、見た目には多少元気がないという程度のものが多いため、除去することに対する住民などからの抵抗が大きい。

除去は、伐採して伐根するか、掘り取って移植するか、ということになるが、移植の場合は、伐採に比べて数倍の費用がかかる上に、移植しても活着しても、大半は元通りの樹姿に戻らないものが多いために、よほどの理由がない限り、破棄を前提として処置される。

これを現状に照らすと、日本を代表する明治神宮の参道並木という、特別なゆかりを持つ古木を、まだ元気なうちに伐採することは、地元住民や明治神宮の関係者に限らず、日本国民の心情からしても、きわめて難しい。とすれば、表参道のケヤキ並木の場合は、除去の対象となる

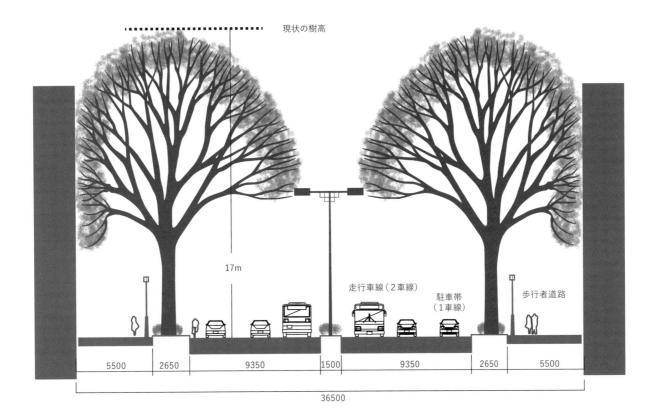

図02 現状の参道並木のケヤキと道路の形状

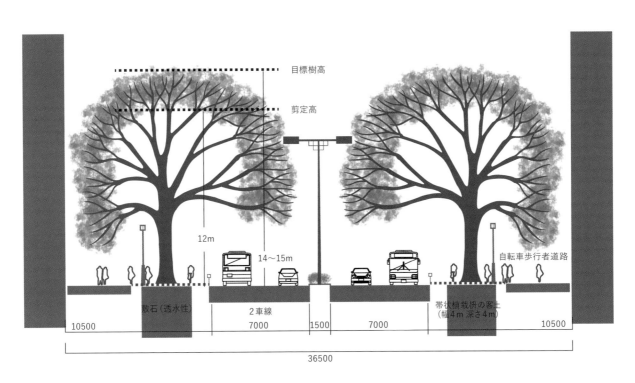

図03 整備後の参道並木の全体像とケヤキの目標樹形

1 未来の原宿表参道まちづくりビジョン | 31

図04 古木の移植先での植栽イメージ

　古木であっても、活着の可能性のあるものについては、最善を尽くして移植することを前提にしておくことが必要である。

　その場合の最大の課題が、移植樹木の受け入れ先である。移植費用については何とか工面できたとしても、ケヤキの巨木をどこに植えるかを解決しておかなくては実現しない。その際の移植先の条件としては、①物理的には、巨木を植えるだけの空間が用意されること、②心情的には、ゆかりのある参道のケヤキとして喜んで受け入れ、必要な管理を継続してくれることの2点である。

　その可能性としては、明治神宮の敷地内、明治神宮にゆかりのある神社や施設、神宮に隣接する代々木公園やその他の東京都の公園、渋谷区の公園や施設などが考えられる。

　その際の移植樹の形状は、根の周辺が舗装に覆われていることから、①事前の根回しができないこと、②重機による吊り上げとトラックによる運搬制限とを勘案し、まずは移植樹木の活着を最優先することから、直掘によって大半の根茎が切り取られる分、地上部も地際から数メートルの位置で主幹から切り除いた状態で移植し、移植した先で養生し、幹から再萌芽してくる枝によって、モニュメンタルな樹形として再生する。参道のケヤキの中で、主幹から切除して再萌芽した状態の樹木は、移植樹の状況も幹高をこの半分程度とすれば、おおむね図04のような形態で維持されることになろう。

　しかし古木の中には、移植してもほとんど活着しないものも含まれる。これらについては、利用者や関係者にその旨を周知した上で、伐採、伐根することになるが、その材についても、由緒あるものとしての再生利用の仕組みを用意しておく。神社の絵馬の札（16）、お守りの木札、社殿の解説版やしゃもじ、箸、箸置など、そのゆかりにふさわしい木製品への利用が望ましい。

整備のスケジュール[注]

　以上が提案の概要であるが、ケヤキの衰退が加速している状況を見れば、いますぐに行動を起こしたとしても早すぎることはない。しかしその内容が大掛かりになるため、実行に移すためには時間がかかる。幸いにして、7年後に東京でオリンピックが開催されることになった。

　その時には海外から多くの人たちが訪れ、表参道や明治神宮は観光の中心となることは必至である。その時にあわせて、鑑賞に堪えるような状態に整備するのは、技術面から見れば時間的には可能である。とはいえ、前段の条件整理に時間がかかることから、すぐに始動しても、具体の設計に移るまでに時間がかかり、遅滞すればするほど実現は難しくなる。

　東京オリンピックの開催は、明治神宮表参道のケヤキ並木の目標増を再確認して、これを後世に引き継ぐための道筋を具体的に始動するための、またとない機会を与えてくれた。その実現には、地元商店会はもとより、神宮関係者、国、東京都、渋谷区などが、いかに協力してやっていけるかにかかっている。

山本紀久（やまもと・のりひさ）
1940年生まれ。東京農業大学造園学科卒業。第一園芸株式会社造園部、東洋造園土木株式会社を経て、1973年株式会社愛植物設計事務所を設立。現在は会長。東京ディズニーランド植栽設計、六本木ヒルズ屋上庭園、八景島シーパラダイス植栽石器、沖縄県緑化樹木剪定マニュアルなどを手がける。一般社団法人ランドスケープコンサルタンツ協会顧問、英国王立園芸協会日本支部(RHSJ)顧問。1982年「日本造園学会賞」、1997年「黄綬褒章」受賞。主著に『街路樹』(技報堂出版)『造園植栽術』(彰国社)。

注：2013年当時の情報です。

16 神宮のクスノキの大樹にめぐらせた絵馬

水と緑のまちづくり

グリーンインフラを活かした住みやすい都市づくり

福岡孝則　東京農業大学 / Fd Landscape

はじめに

　学生の時に表参道交差点のサンドイッチ店でアルバイトをしていた頃から、表参道の風景を見てきた。新緑のケヤキの美しさ、紅葉からクリスマスのイルミネーション、そして正月の静かな朝の風景まで、まちの骨格がケヤキの参道によって形作られていることは間違いない。しかし少し視点を変えてみると、表参道沿いの建築の屋上やテラスから見える立体的なみどりの風景、明治神宮、参道から内側に広がる細い道の中にも多様な形態のみどりが広がる。本稿では、グリーンインフラを活かした住みやすい都市づくりという視点から表参道について考えてみたものである。

Livable City をつくる

　Livable City（住みやすい都市）という概念は、都市を経済成長、利便性や経済的競争力だけで考えるのではなく、そこで働き、暮らす多世代の人たちが「文化・社会」、「健康・スポーツ」、「環境」など多様なライフスタイルを選択して、どのように快適に住み続けることができるのかを考えるためのコンセプトである。Livable City という概念は古くて新しいテーマであり、近年の Livable City ランキングは国際的な都市間競争やそれらに基づく企業の海外進出先の選定などに活用されてきた。筆者らはそれらの指標を単純化し、Livable City をつくるための 6 つの指標について提案している。筆者は 2000 年代以降に海外のランドスケープ、都市マスタープラン作成業務などに多く関わってきた。都市のビジョンやハードの骨格づくりを提案する一方で、その都市に固有のライフスタイルや生活の質、市民の都市への関わり方などに興味を持ってきた。本指標では、にぎわいのある都市（歩きやすい都市、快適な密度）、健康的な都市（多世代の市民が多様な健康活動やスポーツに取り組むことができる）、安全安心な都市（防災減災など）、文化的・社会的な都市（より豊かな文化的活動と人やコミュニティなど社会的な活動の場）、生態的な都市（都市環境の質や自然）、質の高い都市の体験（商業や娯楽、観光など）の 6 つを Livable City の指標と考えている。

01 Livable City の指標

ランキング名 ①調査・評価主体 ②調査年 ③対象都市 ④評価項目数	指標カテゴリー	ランキング・トップ10	評価手法・使用データ	補足	傾向
Global Liveability Rankings (2016年度) ①The Economist Intelligence Unit (EIU) ②2005年から毎年 ③127都市 ④40項目(5カテゴリー)	・社会の安定と安全(25%) ・医療サービス(20%) ・文化と環境(25%) ・教育制度(10%) ・インフラ(20%)	1. メルボルン(オーストラリア) 2. ウィーン(オーストリア) 3. バンクーバー(カナダ) 4. トロント(カナダ) 5. カルガリー(カナダ) 6. アデレード(オーストラリア) 7. パース(オーストラリア) 8. オークランド(ニュージーランド) 9. ヘルシンキ(フィンランド) 10. ハンブルク(ドイツ)	◎数値的要素に関する各種原データ。 ◎パブリック・オピニオン調査。 ◎各種専門家、行政職員、都市研究家へのインタビュー調査。	調査は、 アジア:30% アメリカ:30% ヨーロッパ:30% その他:10% の振り分けで行われる。	都市戦略としてのリバブルシティ
Quality of Living Survey (2016年度) ①Mercere Human Resource Consulting ②1994年から毎年 ③440都市 ④39項目(10カテゴリー)	・社会政治(安定と安全) ・経済状況 ・社会文化環境 ・健康(医療、公衆衛生等) ・教育制度 ・娯楽施設・サービス ・公共交通サービス ・消費財の入手可能性 ・居住環境 ・自然環境	1. ウィーン(オーストリア) 2. チューリッヒ(スイス) 3. オークランド(ニュージーランド) 4. ミュンヘン(ドイツ) 5. バンクーバー(カナダ) 6. デュッセルドルフ(ドイツ) 7. フランクフルト(ドイツ) 8. ジュネーヴ(スイス) 9. コペンハーゲン(デンマーク) 10. シドニー(オーストラリア)	◎各種量的データ ◎評価における各項目の比重は移住先で職を持つ国外移住者の評価により決定。	◎ニューヨークを100とした上で、各都市の評価を数値化。 ◎各指標ごとのランキングも公表。	
Quality of Life (2015年度) ①Monocle ②2007年から毎年 ③非公表 ④非公表	・公共交通/医療サービス* ・インフラ ・商業活動 ・教育制度 ・自然資源/環境負荷 ・多様な価値観への寛容さ ・都市空間(景観) ・食と住の質 ・文化的活動 ・市民の熱意 ・都市としての成長率など	1. 東京(日本) 2. ウィーン(オーストリア) 3. ベルリン(ドイツ) 4. メルボルン(オーストラリア) 5. シドニー(オーストラリア) 6. ストックホルム(スウェーデン) 7. バンクーバー(カナダ) 8. ヘルシンキ(フィンランド) 9. ミュンヘン(ドイツ) 10. チューリッヒ(スイス) [12. 福岡(日本)、14. 京都(日本)]	非公表	*指標の詳細は非公開のため、各都市へのコメントから推察。	
シティブランド・ランキング —住んでみたい自治体編— ①日経BP総合研究所 ②2016年に実施 ③日本254市区町村 ④43項目(10カテゴリー)	・安全 ・生活のしやすさ ・住環境 ・生活インフラ ・医療・介護 ・子育て ・行政サービス ・コミュニティ ・観光 ・雇用	1. 札幌市(北海道) 2. 京都市(京都府) 3. 横浜市(神奈川県) 4. 鎌倉市(神奈川県) 5. 那覇市(沖縄県) 6. 福岡市(福岡県) 7. 神戸市(兵庫県) 8. 石垣市(沖縄県) 9. 函館市(北海道) 10. 軽井沢町(長野県)	予備調査で日本5大都市(東京23区、大阪市、名古屋市、札幌市、福岡市)及び近県に住む10万人のサンプルより全1741市区町村から上位254市区町村を抽出。この254自治体を対象に本調査を実施。		生活の質から考えるリバブルシティ

02 代表的な Livable City ランキング

Livable City をつくるための方法の一つとして、パブリックオープンスペース(屋外公共空間)やそのネットワークに着目してきた。都市内で誰もがアクセスをでき、生活の中で「住みやすさ」を実感できる場所だからである。こうしたオープンスペースを個別の公園や広場、街路などではなく、私たちの生活を支える自然を活かした社会的基盤の一つとして考え、グリーンインフラの実装という観点から説明していきたい。

> “
> モノとしての緑ではなく、まちの人々が自分たちのみどりとして取り組み始めた時に、まちのグリーンインフラになっていく”
>
> —————— 福岡孝則

都市戦略としてのグリーンインフラ

グリーンインフラ(Green Infrastructure)とは、自然環境および多機能を活かした、持続可能な社会資本整備や国土管理の取り組みを指す。日本においては既存の都市・地域の自然・環境資源を活かし、重ね合わせるように多様な機能を引き出す社会資本整備を行うことで、防災・減災、微気象の緩和、持続的雨水管理、生物多様性の向上、食料生産、健康増進、不動産価値の向上など一つの場所で複数の目的を達成することを目指すものである。国内では2015年に国土形成計画に位置付けられ、2019年のグリーンインフラ推進戦略、2021年の流域治水関連法の一部改正など諸計画に位置付けられてきた。これらをより具体的な都市・地域の再生・再整備などに活かすために、国交省から2023年にグリーンインフラ実践ガイドが策定

1 未来の原宿表参道まちづくりビジョン

I-2 グリーンインフラの取組・手法

① 都市部

高密度かつ複合的な都市的土地利用が主となる都市部においては、緑や水辺の創出・活用を通じて、気候変動への適応、「居心地が良く歩きたくなる」まちなかづくり、生物多様性の保全などの社会課題に複合的に応えていくことが考えられます。

03 国交省グリーンインフラ実践ガイド

04 グリーンインフラを活かした都市のイメージ

された。（**03**）ここでは、国土を都市部・郊外部・農山漁村部の３つに分け、類型別の実装手法や事業のイメージなどが示されている。

都市戦略としてのグリーンインフラを考える時、前述の Livable City の指標にあるように、「グリーンインフラを活かしてどのような都市をつくるのか？」という視点が重要になる。グリーンインフラは手段であり、雨水の貯留・浸透や、暑熱緩和などグリーンインフラの環境性能のみが取り上げられることもあるが、最終的には Livable でサステナブルな都市創成にどのようにグリーンインフラを活かしていくのかという全体像が求められる。（**04**）

例えば、橋の下の産業跡地や未利用地を10年かけて公園に再整備したブルックリンブリッジパーク（**05**）では、親水空間に加えて高潮などによる水位の変化にも対応した柔らかい水辺のデザインが実現されているし、コンクリート３面張りの排水路のような河川と隣接する公園に着目して一体的に再整備することで、氾濫原を内包する都市型河川公園を創出したビシャンパーク（**06**）のように、公園・道路・河川・建築など既存の事業の枠組みを超えて、事業を複合的に構想・計画・設計技術が求められる。

健康やスポーツに着目したものでは、イギリス・ロンドン市交通局のヘルシー・ストリートという施策がある。ここでは、交通網の中に「健康な道づくり」という視点と織り込み、具体的な目標とし

05 橋のたもとの未使用・産業跡地の公園化。ブルックリンブリッジパーク

06 河川と公園を一体的に再整備した都市型河川公園ビシャンパーク

てロンドン市民全体が1日20分の歩行もしくは自転車を利用することとし、それが実現された際に想定される効果を国民健康保険の額や病気の減少などの具体的な数字で示している。誰もが日常生活の中で歩く道に着目すること、未病というアプローチと組み合わせることで道路・街路の新たなデザインの視点が可視化されている。スポーツの取り組みとして日本ではスポーツ庁による「オープンスペースの活用等における誰もがアクセスできる場づくり」があり、都市内の未利用地や公共空間を活かしたスポーツ・健康のための場所のデザインに関する取り組みが一部自治体等で進行中である。

気候変動に適応した水災害の減災デザインとしては、コペンハーゲン市のクラウドバーストマスタープランが、「みどりの豪雨対策」として知られる。同市は大きな豪雨災害にみまわれ旧市街地の大半が冠水したが、内水氾濫を契機に気候変動適応策のアクションプランを策定した。ここでは道路の再編集により雨水を一時的にみちに貯留・浸透する水みちの観点を導入しつつ、歩きやすい街路やみどりの空間再整備を段階的に実装している。

以上、戦略的にグリーンインフラを位置付けた事例の概要を紹介したに過ぎないが、都市戦略としてのグリーンインフラとは、その土地の持っているポテンシャルや課題を読み・可視化するリサーチの段階、複合化や多機能化も視野にいれたプロジェクトを計画する段階、そして空間整備に向けては環境性能も意識しつつ人々の生活の中で居心地よく使えるための設計段階、それらが持続・活用されるためのマネジメント段階までが一つの流れで総体として構想される必要がある。

次に、都市全体でグリーンインフラを推進してきた自治体の一例として米国・ポートランド市を紹介したい。ポートランド市では、合流式下水道越流水（CSO）問題を発端に1990年代にグリーンインフラの取り組みが始まる。ポートランドの特徴は都市スケールの大きなグリーンインフラ戦略や計画を策定せず、小さなグリーンインフラ・プロジェクトの積み重ねによって都市のグリーンインフラが実現されている点であろう。当初は表面流出水をできるだけ地表面に浸透・貯留させるための屋上緑化や雨水プランターなど民間主導の小さなグリーンインフラ・プロジェクトが実践された。1997年～2004年の間には雨水管理マニュアルの発行、46㎡以上の新規開発におけるグリーンインフラの基準を示し計画・設計者向けの指針や雨水流出量の計算手法なども示されている。2002年には環境局の中に持続的雨水管理課が創設され、グリーンインフラの取組が加速した。現在までに実装された3,000箇所以上のグリーンインフラ・プロジェクトのうち、中心となるのが道路局と下水道局の協働で実現された約1,600箇所のグリーンストリートである。都市内の自転車交通量の増加と自動車交通量の減少に合わせて、道路及

07 ポートランド市内のグリーンストリート

08 ミドリノオカテラス

09 コートヤードHIROO

び街路の再編集・再整備を実施し公共交通・自動車・自転車・歩行者が共存する道のあり方を示すと同時に街路樹及び植栽帯の部分で一時的に雨水の貯留浸透を促す水環境システムが実現されている。2007年にはグリーンストリート法が制定され、市内の全ての道路空間におけるグリーンストリートの適用が開始された。ポートランド市においては、都市スケールのグリーンインフラ戦略や計画からではなく、グリーンインフラ・プロジェクトの集積と必要な技術や情報を提供することにより、結果としてグリーンインフラを活かした住みやすい都市を実現しているといえよう。以上のように、都市をグリーンインフラという切り口でみてみると、多くの課題と新しい可能性に満ちていることが分かるだろう。

グリーンインフラのデザインとマネジメント

グリーンインフラのデザインとは、具体的な場所のデザインを通して、自然と人の生活をつなげるものだと考えている。デザインの対象となるのは必ずしも現在の公園緑地に限る必要はなく、縮退時代にともなって増加する空き地・駐車場・耕作放棄地・産業跡地・未利用地など、都市の中にはグリーンインフラとして活用可能な潜在的なオープンスペースも多く存在する。

例えば、世田谷区内のミドリノオカテラスというSUEP設計のエコ・コーポラティブ住宅では、大きな旗竿敷地の中に丘のように立体的なみどりが配された集合住宅である。各住宅前のみどりや屋上の空間の使い方は設計の中で将来の住民たちと丁寧に議論され、単に緑化をした建築ではなく、水に関しても敷地に降る雨水を最大限に活かしたデザインとなっている。具体的には地下のコンクリートピットの上に雨水再利用タンクを設け、雨水が灌水やバードバス用に再利用されている。（08）加えて、本集合住宅の住民は、緑の維持管理に関わる造園家に教わりながら、敷地内の緑の手入れなどにも参加しているという。自然の力を活かす、とは一方的に自然の多機能性が発揮されるのを享受するだけでなく、都市の生活の中に、水や緑など自然のもつ循環を取り入れ、自分たちも手を入れながら関わるプロセスにもヒントがありそうである。

港区のコートーヤードHIROOというプロジェ

クトは、築45年ほどが経過した旧公務員宿舎と駐車場の敷地のリノベーションである。(09) これは建物の機能をミクストユースとし、屋外空間はリビングルーム（屋外の部屋）のようなイメージで建築計画と一体的に設計されている。住宅・アウトドアフィットネス・レストランやギャラリーなどの機能の設定により、スポーツ・アート・食などを通じて、生活する人、働く人、活動する人が交わるようなオープンな空間がデザインされた。ここでは、アスファルトの駐車場を剥いで、時々駐車も可能な植栽基盤をもつ芝生空間に変えたり、できるだけ敷地の既存樹木を活かした設計となっている。このような狭義の環境配慮も詳細に検討された一方で、年間2万人程度が訪れるこの敷地で誰でも参加できるパブリックなイベントを実施し、子どもの遊びから教育、アート、食など多様なソフトの企画・マネジメントをと通して、この場所の魅力と関わる主体の関係を育てている。グリーンインフラとは公有地における整備だけでなく、民間敷地においてもさまざまな形で展開可能である。

このような敷地スケールのグリーンインフラのプロジェクトを街区スケールで展開するには？米国デトロイト市では、Business Improvement Zone（BIZ）というエリアを設定し、まちのスケールでの取り組みを展開している。対象エリアはデトロイト都市中心部の高速道路とデトロイト川に囲まれた140ブロック、約2.8km²が対象に街区スケールのマネジメントを展開している。参加企業は550社、年間約4億円の会費収入の一部をオープンスペースのマネジメントに使用している。具体的にはまちなかの未利用地を企業の協賛プロジェクトとしてスポーツや食の場所として暫定的に整備して活用し、整備が完了している公園や公開空地に期間限定で、企業の特別協賛プロジェクトとして、さらにオープンスペースとしての質を高める場所のデザインやプログラムの展開などを行っている。このように、街区単位でのグリーンインフラの検討や実装は重要な視点であり、さらに踏み込んだ事例としてはイギリス・ロンドンのVictoria BID（ビジネス改善地区）ではグリーンインフラを意識した環境性能の高い緑地の整備や、グリーンインフラに関する調査研究を実施して環境性能の可視化に取り組む事例がある。日本でも街区スケールにおけるグリーンインフラの実装の推進方策は今後の課題であろう。

グリーンインフラを軸に表参道のまちづくり考える

まちづくり勉強会での講演を機会に、ランドスケープデザイン・情報学研究室の学生たちと1日の表参道フィールドワークを実施した。「グリーンインフラを活かした表参道のまち」について、学生たちのデザインワークを参照しながら紹介したい。まず、フィールドワークに先立ち、「敷地を読む」ためのリサーチによる可視化・地図化を行った。表参道の自然・都市基盤としては、地形、水系、植物、都市の骨格や街区内の公共空間の特徴などの調査からは以下が可視化できた。

10 表参道エリアの地形

11 点・線・面のみどり

地形としては、表参道と原宿の間に渋谷川が暗渠化して流れているが、河川によってつくられた谷地と台地の構造、そして竹下通りまで谷が入り込んでいることが可視化された。(10) 土地利用としては商業、集合住宅、独立住宅、オフィス等が混在しているがそのスケール感が立地により多様である点も特徴であろう。

広域で緑の構造を見ると、明治神宮と表参道という骨格以外にも園庭、民有地の屋上緑地、街路樹、寺社仏閣、空き地、公園、校庭、民地が点在しており、小さな点のみどりの集積が確認できた。(11) 人の動きとしては、明治通りや表参道に人流が集中し、まち全体の回遊としてはバランスに欠く点も指摘された。

次に、現地のフィールドワークにより見えてきた表参道らしいオープンスペースについて紹介したい。一つ目に表参道エリアに大規模な公園緑地は存在しないが、代わりにマイクロ・パブリックスペース（小さな屋外公共空間）が多く点在することがわかった。例えば、街路と街路の交差点にある小さな空間で、待ち合わせする人や腰を下ろして休憩する人などの滞留行動が生まれていた。街路と街路の間の小さな辻のような場所に多くの人が佇んでいるのが印象的であった。二つ目は、裏路地である。幅員の狭い路地では多くの滞留行動が観察され、路上での飲食もみられた。三つ目に、表参道エリア内の建物屋上の可能性について挙げたい。旧原宿中学校屋上では、(12) のように屋上の水泳プールを水のビオトープとして転用している。このビオトープは丁寧にマネジメントされており、生き物のモニタリングも実施している。隣接する屋上のバスケットボール空間は菜園として活用されていた。表参道エリア一帯の屋上空間には未利用やアクセスできない空間が多く、オープンスペースとしては可能性が感じられる空間であった。

以上、アイディアレベルではあるが、1日のフィールドワーク後の学生たちの即興的な提案には、階段や高低差、屋上までも活用した立体的な

12 屋上のプールを転用したビオトープ

みどりの回遊性を高めること、そして道路と道路の間や街路間の隙間、辻のようなマイクロ・パブリックスペースを小さな止まり木のような滞留空間として設える案などが見られた。加えて、表参道から内側の住宅地内に点在する未利用地に関しては、暫定的であっても、こうした都市の余白を活用する考えが提案された。中小ビルの屋上に関しては、雨水活用や菜園、滞留空間のほか、緑地としての可能性が描かれた。

今回の短時間のフィールドワークを通しても、点・線・面の小さな緑地を組み合わせることで、表参道らしい立体的なみどりの骨組みを再構築する可能性について考えることができた。(13)

一つひとつは小さくても商業施設前の小さな植栽や滞留空間から住宅地など生活空間のみどり、神社や学校のみどり、特徴的なみちのみどりなどが実に多様で、表参道らしさにつながっている。さらに、中低層から高層の建築まで、屋上緑地には可能性が秘められており、地上部の多様なみどりに加えて屋上でのみどりの展開を構想することで、まち全体でより立体的な骨格をつくることができると考える。みどりが個別に維持されるだけでなく、エリア全体でみどりの実装や推進をするための全体像の振り付けや多主体が参画可能なプラットフォームのような組織も必要とされよう。最も大切なのは、このまちで生活したり、働いたり、土地を所有している人たちが、主体的に関われること。モノとしての緑ではなく、まちの人々が自分たちのみどりとして取り組み始めた時に、まちのグリーンインフラになっていくのではないだろうか。

このような考えを実現するためには、前述の通り都市戦略としてグリーンインフラを構想する必要がある。単なる地上部・屋上等の緑化ではなく、まち全体を俯瞰し、雨水の一時浸透・貯留や活用、アート・文化、スポーツ・健康、食など、より多様な切り口を交差させ「グリーンインフラを活かした住みやすい表参道」について、取り組みを始めてみるのも良いかもしれない。

福岡 孝則(ふくおか・たかのり)
東京農業大学 教授 / Fd Landscape主宰。ペンシルバニア大学芸術系大学院ランドスケープ専攻修了後、米国・ドイツにてランドスケープデザインの実務に取り組む。神戸大学持続的住環境創成講座 特命准教授を経て、現職。作品にコートヤードHIROO〈グッドデザイン賞〉、南町田グランベリーパーク(国土交通大臣賞：都市景観大賞、緑の都市賞)など。編著書に「LivableCity(住みやすい都市)をつくる」(マルモ出版)、「海外で建築を仕事にする2－都市・ランドスケープ編」(学芸出版社)、「実践版!グリーンインフラ」(日経BP社)ほか。

13 点・線・面のみどりを組み合わせてまちの新しい骨組みをつくる

水と緑のまちづくり
緑の循環について

水谷伸吉　一般社団法人more trees

本テキストは、2024年3月21日に開催された、第6回原宿神宮前まちづくり協議会まちづくり勉強会「緑の循環―国内の木材利用について―」における水谷伸吉氏の発表内容を再編集したものです。

01 2100年未来の天気予報（出典：環境省COOL CHOICE）

地球上の「異変」

2023年、イギリスで観測史上初めて気温40度超えを記録したというニュースがありました。北海道より緯度が高いイギリスでは、まさか40度を超えるとは考えられておらず、エアコンがない家庭も多くあるそうです。2022年には、カナダのブリティッシュコロンビア州で気温48度を記録して、海水温が上がったせいでムール貝が茹でなくても済むぐらい暑くなったと皮肉が言われるようなこともありました。このような気候変動・温暖化が進むと何が起こるのでしょうか。気候変動に関する政府間パネル（IPCC）によると、最悪の場合、産業革命以前の平均気温に比べて世界の平均気温が最大で4.8℃上昇する可能性があると推測されています。

当然、日本もすでに気候変動の影響を受けていると言ってもいいと思います。このままもし最悪のシナリオが世界を襲ってしまった場合、東京では43℃、札幌でも40℃を超えるような日が訪れるそうです。（**01**）昔札幌に住んでいたときには、家にエアコンがありませんでしたが、この状況が続けば、エアコンなしに北海道に住むのは困難になるでしょう。こうなると、もう外に出ること自体が危険であり、コロナ禍のような、不要不急の外出を控えることが日常化する可能性すらあると感じます。

気候変動・温暖化の原因は、周知の通り、人為的に排出される二酸化炭素であることはほぼ間違いないと言われています。日々我々が日常の中で排出してしまう二酸化炭素。これをどうやって減らせばいいのか考えてみましょう。

02のように、バスタブ全体が大気中の二酸化炭素の量だと見立ててみます。産業革命以前は、割と低い水位で安定していましたが、石油や石炭等化石燃料を大量に消費するようになったことで、バスタブに水を垂れ流している状況に陥っているのが現状です。このまま水が注がれ続け、バスタブから水が溢れてしまうと、世界の平均気温が最大で4.8℃上昇する最悪のシナリオが現実になってしまいます。

水が溢れないようにするためにできることの一つ目は、蛇口を締めること。つまり、二酸化炭素排出量を減らすために、化石燃料の使用量を減らすこ

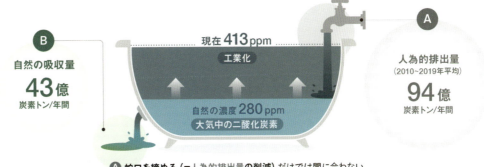

02 CO2排出量と吸収量のバランス（国立環境研究所のイラスト［出典］Global Carbon Budget 2020をもとにmore treesが作成）

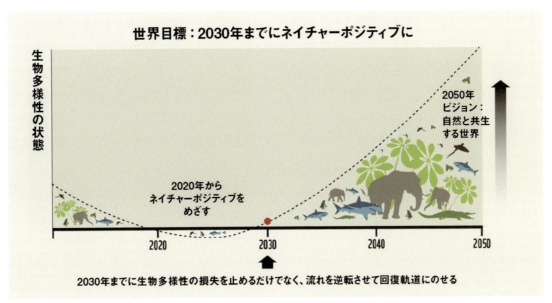

03 ネイチャーポジティブ目標（出典：naturepositive.org）

とです。例えば、日本では消費電力の30％を石炭による火力発電に頼っていますが、その発電を、太陽光や風力、地熱等の再生可能エネルギーによる発電にシフトしていくことが求められています。もちろん、再生可能エネルギーにシフトしたところで、過去に排出した二酸化炭素を無かったことにはできません。でも、排出された二酸化炭素を吸ってくれるものがあります。それが森林であり、自然なのです。現在、大気中の二酸化炭素を回収するような最新のシステムも開発検討されているようですが、やはりアナログな領域で言えば、森林は無視できない存在だと思います。

世界の２大目標｜カーボンニュートラル、ネイチャーポジティブ

　二酸化炭素等の温室効果ガスの排出量と吸収量を均衡させるカーボンニュートラルを自国で実現することを宣言した国は、140カ国以上に上ります。日本も、2020年菅政権下で2050年までのカーボンニュートラル化を宣言しました。アメリカでは、トランプ政権下ではCO_2陰謀論が主流派を占めていましたが、バイデン氏に大統領が変わった瞬間にカーボンニュートラル宣言がなされました。中国も同様で、2060年までにカーボンニュートラルを目指すことが謳われました。

また、国家単位だけでなく、企業単位でも、カーボンニュートラル宣言がなされています。とりわけグローバル企業は、この潮流に乗り、続々と宣言をしています。具体的な施策の例として、例えばアップル社では、森林再生に4億ドル以上の基金を拠出しています。自社や関連企業で二酸化炭素排出をトータルゼロにすると宣言をしたものの、サプライヤーや関連企業までコントロールしきれません。彼らの分も減らすとなると、自社で森林に投資をすることで温室効果ガスの吸収量を増やす施策を行うことで、トータル減を目指しつつ、あわよくば多く削減できた場合には、温室効果ガス削減を必要としている企業等に排出権として転売して儲けてやろう、というスキームの基金です。日本国内の上場企業等はもちろんカーボンニュートラル宣言している企業は多くありますが、ここまで膨大な予算で森林再生に基金を設けている例は珍しいのではないでしょうか。

　近年、カーボンニュートラルと並んで注目されているキーワードが「ネイチャーポジティブ」です。ネイチャーポジティブとは、生物多様性の損失を止め、回復させることを意味します。2030年までに、人間による生物多様性へのダメージをゼロにし、2050年までに生物多様性を完全に回復させる、国際的な目標です。（03）

　SDGsの17の目標を構造化したウェディングケーキモデルを見てみましょう。上から経済圏、社会圏、生物圏の3階建になっており、経済発展は良好な社会条件によって成り立ち、また社会は人々の生活に必要な自然環境によって支えられていることを示しています。要は、自然資本こそが、経済活動や社会インフラの基礎になっているのです。1階がしっかりしていないと、2階、3階の社会経済も成立しません。簡単な例で言えば、ドカ雪が降り、高速道路が寸断されると、食べ物や物資が入って来ず、都内のスーパーは空っぽになってしまいます。通勤もできないので、仕事もできなくなってしまいます。（04）

04 SDGsウェディングケーキモデル

　現在の自然資本は悲惨な状況にあります。過去半世紀以上の間に、生物多様性は約7割減少したと言われています。また、人類によって改変された陸地は75％、湿地は埋立て等で85％の面積が失われました。例えば東京でも、江戸以前は日比谷や新橋のあたりは湿地でしたが、それより以降は埋立てられてできています。

　自然資本によって生まれる経済創造価値は、世界の総GDPの半分以上とも言われています。例えば飲料メーカーが作るお茶も、水が枯渇したら商売は成り立ちません。長い日照りによって綿花が取れなくなったら服も作れなくなってしまいます。こうした生態系サービスによって、GDPの大半が得られていることに、世界各国が気づき始めたことが、ネイチャーポジティブの根源です。

　2022年12月にカナダ モントリオールで開催された国際会議COP15では、「30by30」という目標が掲げられました。これは、世界の陸域の30％、海域の30％を2030年までに保全するものです。日本では、国立公園や国定公園だけでは30％に届かないため、民間企業が所有する土地でも、ビオトープや池をつくり、保全化が進められています。環境省では、保護地域以外で生物多様性保全に資する地域（OECM）の認定を行なっており、既に100箇所以上の土地が国から認定を受けています。

　まちづくりという視点から生物多様性を扱うのに参考になる動きとして、イギリスで取り組まれている「生物多様性ネットゲイン」があります。これは、

デベロッパーがとある里山を開墾して宅地を開発したり、高速道路を建設したりする場合、その里山にあった生物多様性を110％分復元しなさいという法律です。基本的には、土地開発が行われる敷地内で110％復元するのが理想とされていますが、それが難しい場合は、別の土地での回復も認められますし、さらにそれも難しい場合には、回復しなければならない生物多様性のスコア分、他の生物多様性に貢献する事業に投資することで、認められることもあります。日本ではまだ一般的ではない制度ですが、数年後には導入されているかもしれません。

前述の通り、カーボンニュートラルとネイチャーポジティブは現代の世界の２大目標ですが、別々に分離した目標ではなく、コインの表と裏の関係であるとも言われます。例えば、山を切り開いてメガソーラーを作ったというのは、CO_2削減や再生可能エネルギーには良いかもしれませんが、山林開発は生態系を破壊してしまいます。両者が成立する取り組みを考えていくことが非常に大事になってきます。

森林の可能性

カーボンニュートラルとネイチャーポジティブ、この２つを１つの分野で同時に達成できるのは森林しかないと思っています。では、カーボンニュートラルにもネイチャーポジティブにも有益な森林は、世界的にどのような状況にあるでしょうか。

世界では、1秒間にテニスコート12面分の森林が失われていると言われています。今も世界のどこかで切ったり、燃やされたりしているわけですが、世界の森林減少と日本で暮らす私たちの暮らしがどう関係しているか、考えたことはあるでしょうか。例えば、フライドポテトやマーガリン、口紅や洗剤等では、植物由来のパームオイルが多く使用されています。油ヤシの実と種を絞ると、食品にもシャンプーにも洗剤にも使用できる非常に使い勝手の良いパームオイルが取れるのです。インドネシアとマレーシアで世界の80％のパームオイルが生産され

05 インドネシアでの野焼きによってシンガポールにまで煙が到達
06 明治末期の甲州市塩山（写真：東京都水道局水源管理事務所）

ていますが、元々多種多様な木が生い茂る熱帯雨林だった場所を切り開いて、油ヤシだけを植えるプランテーションが生産地になっています。プランテーションをつくることの影響は多岐に渡ります。元々生息していたオランウータンのような希少な野生動物の居場所が失われてしまいます。ボルネオゾウ等は油ヤシの新芽を食べに来てしまうので、駆除対象になっています。また、プランテーションを切り開くときは大体火をつけて野焼きしてしまうのですが、インドネシアで野焼きした結果、森林火災の煙がシンガポールにまで届くこともあり、酷いときには空港が閉鎖されるほどの事態になります。（**05**）

パームオイルの他にも、南米のアマゾンでは、牛肉を育てるために、森林を切り開いて牧草地にしたり、鉱物資源の掘削や天然ゴム採掘のために森林が切り開かれてしまっていることもあります。私たちは、ほぼ間違いなく熱帯雨林を切り開いて何らかの形で生産されたものを日々消費しているのです。

一方、実は日本では森林の面積はこの100年で増えています。例えば、神戸市六甲山では、遡ると平安時代から近代まで、森林伐採が続いていましたが、現在ではイノシシが頻繁に出没するほど森

1　未来の原宿表参道まちづくりビジョン｜45

が回復しています。甲州市塩山という多摩川源流域でも、明治時代末期の写真を見ると山のほとんどが禿げてしまっており、山肌が露出しています。化石燃料が一般的になる昭和30年代までは、木材は燃料としても使用されていたこともあり、こういったはげ山はごく一般的だったそうです。(06)

国土の約67%が森林で、先進国では世界3番目の森林大国である日本で、100年前に比べて森が増加したのは、スギの植樹を推し進めたからです。日本には、500種類とも1,000種類とも言われる樹種がありますが、現在、日本の森林の1/4強ほどが、スギとヒノキで占められています。スギは真っ直ぐ育つので、建材に向いているほか、広葉樹に比べると早くに収穫できるため、非常に重宝されています。北は北海道の渡島半島から、南は鹿児島ぐらいまで地域を選ばずに植えられるということも好まれている背景です。(07)

林業の健全なサイクルを紹介します。木を植えた後に定期的に間伐をして間引きます。その後何回か間伐を繰り返した後、最後に伐採を行います。伐採した木は、建材等適材適所で使用します。そして、伐採後はまた木を植えていきます。これを大体50年ぐらいのサイクルで循環するのが理想でした。(08)

ところが、最近間伐がされていない状況があります。1960年代、日本国内の木材だけでは需要に応えきれない状況下で、木材の輸入が自由化し、輸入材にもある程度頼りながら資源の回復を待つことになりました。すると、輸入材が想定以上に流通し、植林したはよいが、手入れされない山が増えてしまいました。森林は本来、間伐することで適正な間隔が実現できます。間伐材も含めて木材をきちんと

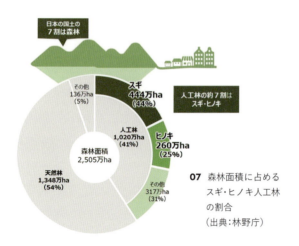

07 森林面積に占めるスギ・ヒノキ人工林の割合
（出典：林野庁）

08 林業の健全なサイクル
（出典：農林水産省「ジュニア農林水産省白書2022年版」）

09 過密状態のヒノキの森
10 間伐して林床が明るくなったヒノキの森

11 木材供給量の推移（画像：秋田プライウッド）

使っていくことが必要です。

　日本国内の木材自給率は、40%程度にとどまっています。18%まで落ち込んでいた2000年前後に比べると回復しましたが、まだ回復途上です。日本政府は、木材自給率を50%まで高める目標を掲げており、日本の山には未だ眠っている資源があります。

　森林保護というと、木を切ってはいけないと思われるかもしれませんが、実は先人が植えてくれた木は、本来我々が末代で使う前提で、資源として植えて育ててくれたものなので、ほったらかしでいるよりも、ちゃんと育てて切って使って、そしてまた育てるというサイクルを回していくということが大事なのです。さらに、木材は炭素の貯蔵庫とも言えます。木は光合成という形で二酸化炭素を吸って酸素を吐き出します。その過程で、炭素が固定されて木が太くなっているわけですが、伐採すると光合成が止まるので、それ以上太くはなりません。切った木を製材品として加工して、建築や家具等に使い続ける。これが50年100年使い続けられれば、つまり、廃棄されたり、燃やされたり、朽ちたりしない限りは、炭素を固定する貯蔵庫になるわけです。そういった意味でも、木を使うことの意義が感じられると思います。

more treesの取り組み

　こうした問題意識を持ちながら行なっている、more treesの取り組みを紹介します。

　4つの取り組みを通して、理想的な林業のサイクルを実践し、都市と森をつなぐミッションを実現しようとしています。

　現在、国内20箇所、海外2箇所で森づくりを展開していますが、高知県梼原町が私たちの活動の原

more treesの4つの取り組み

1. 植林 育林活動
植林や間伐を通じた森林整備により多様性のある森林を保全する。

2. カーボンオフセット
二酸化炭素（CO2）を森林が吸収することでカーボンオフセットを実現する。

3. 木材利用
オリジナル製品、オフィスや店舗の木質化、木製ノベルティを通じて国産材のぬくもりを消費者に届ける。

4. セミナー／ワークショップ
セミナーやイベント、ツアーを通じて森の課題や魅力を伝える。

12 more treesの取り組み

1　未来の原宿表参道まちづくりビジョン　｜　47

点です。2007年、高知県および梼原町と協定を結び、協定森林を対象に間伐の実施、管理に必要な作業道の整備などを行い、環境に配慮し、将来にわたって持続可能な森林経営のモデルとなる森づくりを進めていくこととなりました。(13) 地場産材の活用を目指し、地元の木を使ったグッズを開発しています。地場産材をもっと身近に、直接触れてもらえるような生活雑貨や小規模の家具を中心に作ってきました。まな板やアクセサリー等のほか、携帯電話や棺桶等の変わり種も。実は日本で使われている棺桶のほとんどは中国産です。中国は木材があまり取れないので、大体シベリアか東南アジアから木を買って、それが棺桶になって輸入され、日本で燃やされているということを知り、作ってみました。(14)

現在、more treesの代表を務めるのは建築家 隈研吾氏です。国立競技場の設計者として広く知られていますが、彼の活動の原点も、高知県梼原町にあります。バブルがはじけて都心での仕事が無くなった時に、梼原町でホテルの設計に携わったことがきっかけで、町役場庁舎や図書館等、地元の木をふんだんに使った建築が町内にいくつか点在しています。

多様性のある森

先述の通り、日本国内では、スギとヒノキが人工林の約7割を占め、バランスが偏っています。もっと多種多様な樹種があってもいいはずです。針葉樹を植えすぎたことで、乏しい生物多様性、保水力の低下等、弊害が生じていることも指摘されています。繰り返しになりますが、林業の本来のサイクルでは、木を切って使った後、また植林することが肝要です。しかし、近年は、木材価格が下落した影響もあり、伐採後に植林しないまま、はげ山になってしまっている場所も多いと聞きます。放っておくと、台風時に土砂災害の原因などになるので危険な状況です。

現在、伐採後に植林されない、再造林放棄地は国内全体の6割以上を占めています。木材価格が下落したことで、山林の所有者にとっても負債になってしまっています。木を切っても赤字になる現象が増えており、切って換金するまでに息切れしてしまうのです。そこで、伐採跡地への造林を進めるため、様々な民間企業と協働して植林事業を行なっています。植えるのはスギやヒノキだけではなく、地元に合った木です。広葉樹と針葉樹がミックスした、多様性のある森を実現しようとしています。ただ、広葉樹の苗木は手に入りづらいため、2023年秋から梼原町にて種から苗木を育てる苗木園を始めています。

13
14

15

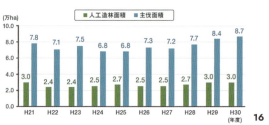

16

13 more trees理事 坂本龍一氏と中越武義梼原町長(当時)によるmore treesの森視察
14 More treesで開発したグッズの数々
15 伐採後放ったらかしのはげ山
16 伐採後の再造林率は35%前後に留まっている

都市部の樹木のあり方

　使えるようになったら切る、というのが人工林、林業の世界では理想のサイクルです。一方、自然界では、落雷や台風等で倒木したり折れたりすることで、熱帯雨林のなかでポッカリと穴があくことがあり、「ギャップ」と呼ばれます。熱帯雨林は薄暗いので、種が落ち、元々芽は出たが光が届かないため大きくなれなかった植物が、ギャップが生まれたことで光が差し込み、一気に芽吹くのです。これが自然界のサイクルです。

　都市部では、道路や公園に樹木があります。過去には国立公園で枝が折れ通行人が亡くなってしまう事故の裁判の結果、国から遺族に賠償金が支払われたこともあったように、街路樹も同様のリスクを孕んでいると思います。果たして切らないままにしていいのか、というのは真剣に考えていく必要があります。明治神宮内苑では、参道の通行の支障になるような枯損木は未然に切っているそうです。そして、やむなく切った樹木は、神宮入口にあるカフェの家具等に使用されています。（19）

　つくば市内の集合住宅では、開発にあたって極力自然を残したいがどうしても建物の計画と被って数十本の樹木を伐採せざるを得ないということで、伐採した樹木を活用して、エントランスのテーブルをつくりました。加えて、入居者にプレゼントするフォトスタンドにも再利用しています。（20）

　このように、都市部の樹木も伐採後の有効活用とそのストーリーを考えることが必要です。私たちの

19

20

19 明治神宮のカフェ。家具には神宮内の枯損木が使用されている
20 つくば市内の集合住宅では、開発で伐採した樹木から家具を製作した

ような森林保全団体は、木1本たりとも切っちゃダメだというスタンスのように思われがちですが、決してそうではありません。緑の循環のなかで、樹木が木材として適材適所に使われることこそ、第2の木の役割なのだと思います。

"Think pessimistically, act optimistically"
（考えるときは悲観的に、行動するときは楽観的に）

　これは、生前の坂本龍一理事が私たちに与えてくれた言葉です。環境問題のような、世界的な、でも身近な社会問題に接するとき、「このままではまずい」と、どうしても悲観的になってしまいます。しかし、思考停止するのではなく、小さいことでも出来ることを実践してみる、その効果が周りにも広がるはずだと心がけることが大事だと感じています。

水谷伸吉（みずたに・しんきち）
一般社団法人 more trees 事務局長 1978年、東京都生まれ。慶応義塾大学経済学部を卒業後、株式会社クボタに入社し、環境プラント部門に従事。2003年にNPO団体に転職し、インドネシアでの植林を軸に熱帯雨林の再生に取り組む。2007年、坂本龍一氏の呼びかけによる森林保全団体「more trees」の立ち上げに伴い、活動に参画。以来、事務局長として日本各地での森づくり、国産材プロダクトのプロデュース、熱帯雨林の再生、カーボン・オフセットなど多彩な活動を手掛けている。https://www.more-trees.org

17　　　　　　　　　18

17 民間企業と連携した再植林事業
18 種から苗木を育てる育苗施設をオープン

1　未来の原宿表参道まちづくりビジョン | 49

水と緑のまちづくり

銀座通りの植栽事業
──まちづくり組織による緑の整備、維持管理の課題と可能性

竹沢えり子　全銀座会　銀座街づくり会議

> " 町会、通り会はもちろんのこと、
> さまざまな階層のコミュニティづくりが、
> まちづくりの基盤強化につながる "
>
> ──────── 竹沢えり子

　5月、カツラの新緑があおあおと銀座通りを彩りはじめる。あっというまに緑は色濃くなり、銀座通りに緑のラインを形作る。秋には紅葉し、冬には落葉、そしてイルミネーション。季節の移り変わりをはっきりと、歩行者に見せてくれる。

　銀座は決して「水と緑」に恵まれた街ではない。もともとは四方を川に囲まれ、舟運も盛んであった。それらの水の情景が失われたのは戦後。現在の銀座エリアのほぼ真ん中を横切っていた三十間堀は戦災のがれきによって埋め立てられ、「君の名は」で有名になった数寄屋橋がかかる外堀は、東京オリンピック前に埋め立てられて高速道路となり、それまで物流を支えていた舟運は自動車交通へと変わっていった。高度経済成長期へと突き進んでいた 1968（昭和 43）年、銀座通りは大改修の時を迎える。そして、大改修から 30 数年後、21 世紀を迎える直前の頃の銀座には、新たに環境や自然との関係を見すえ、歩行者優先の通りにすべきという意見が出始めていた。

　そんななか、建設省東京国道工事事務所（当時）から再び、銀座通り改修の提案があったのは、2001年のことであった。

1　街路樹の変遷
銀座の概要

　銀座は、有楽町、新橋、汐留、築地、京橋といった個性的な街に囲まれ、東西約 1 キロ、南北約 1.4 キロ、約 84 ヘクタールのエリアである。その中に町会が 23、通り会が 18、各種業界団体あり、それらを全銀座会という組織がまとめている。人口はおよそ 3500 人。決して広くはない銀座エリアの中にも、商業中心の地域や、住民が多い地域という、異なる特徴を持つエリアがある。その中に、幹線道路として、国道である銀座通り、都道である晴海通り・外堀通り（西銀座通り）・昭和通りがあり、その合間を区道が碁盤の目のように走っている。国道、都道はもちろんのこと、歩道のある区道には個性的な並木が植えられている。各通り会がそれらの並木と花壇の維持管理を管轄行政と相談しながら行っている。

　本稿では、2001 年から始まった銀座通りの街路樹植えかえのプロセスをたどってみたい。

銀座とヤナギ

　歴史を振り返ると銀座は、江戸時代に徳川家康によって町人地として整備された街である。1872

01 1874（明治7）年に描かれた銀座通り。街路樹が植わり、活気あふれるようすがうかがえる。『東京第弐名所銀座通煉瓦石之図』（明治7年、広重（三代）画）
図版提供：「ギンザのサエグサ銀座史料室」

（明治5）年に大火が起こり、ほぼ全域が焼失し江戸時代の街並みは消え去った。明治政府は、わずか3日で銀座に煉瓦街を作ることを決め、莫大な国家予算を投じて、翌1873（明治6）年には銀座の一丁目から四丁目が煉瓦街に生まれ変わる。

01は明治13年の今の銀座通りを描いた錦絵である。近代日本を象徴する通りとして急速に発展した銀座通りに最初に植えられた街路樹は桜と松と楓であった。その後、桜が弱り、1877（明治10）年ごろから徐々にヤナギへと植え替えられていったと言われている。1921（大正10）年にイチョウに植え替えられるまで、銀座通りの街路樹はヤナギであった。すなわち、銀座が繁華街として栄え頂点に登り詰めていく時期に、その過程とイメージを共にした木がヤナギだったのである。まだまだ江戸時代の暮らしぶりを残し、歩く人々も和装が多い中で、ほかの町では見ないような洋装のファッションの男女、最先端の文化人やジャーナリストが出入りするようなヨーロッパ調のカフェ、西洋のめずらしい事物を扱う商店と街並みといった、モダンと和が入り混じる独特の銀座文化の強烈なアクセントとして、ヤナギは人々に印象を残していった。

1921（大正10）年、東京府は銀座通りを全面改修するとともに、ヤナギを撤去してイチョウに植え替えることを発表する。その時、銀座では大いに反対運動が起こった。1919（大正8）年に銀座通連合会ができたのも、ヤナギの撤去反対が理由の一つだったと伝えられている。昭和初期のヒット曲「東京行進曲」（作詞・西条八十）で、「昔恋しい銀座の柳」と歌われていることは、ご存じの方も多いと思う。「昔恋しい」ということはその時ヤナギがなかったことを意味しているわけだが、この歌の大ヒットが、銀座＝ヤナギという印象を強く植え付けることになったことは間違いないだろう。それがきっかけだったかどうかは分からないが、ヤナギ復活の世論が高まり、1932（昭和7）年、朝日新聞社の寄贈によって、ヤナギが復活したのである。

このヤナギは1945（昭和20）年の空襲によって一旦全部焼失してしまう。戦後またヤナギが植えられて、1968（昭和43）年まで銀座通りにはヤナギが植わっていた。

1　未来の原宿表参道まちづくりビジョン ｜ 51

ヤナギからイチョウへ

　そのような変遷を持つヤナギを、銀座の人たちはどう見ていたのだろうか。『銀座通連合会100年史』(2019年)を作成する際にその歴史をたどってみたところ、銀座の方たちがヤナギに愛着を示しながらも、その存続に必ずしも固執する必要はないと考えていたことが分かった。例えば1940(昭和15)年に、東京オリンピックが企画され、「国際的銀座」を目指した時には、「イチョウはヤナギ以上に幕府にゆかりある歴史的な樹種である」といった説得を受け入れて、イチョウに変更する意思を出していることが分かっている。また、昭和43年に建設省が銀座通り大規模改修を行ってヤナギを撤去する時も、大きな抵抗はなかった。すなわち銀座の人たちは、ヤナギを象徴的に捉えながらも、銀座＝ヤナギというイメージには執着せず、むしろ前に進んで新しい銀座のイメージを作りたいという思いを常に持ち続けていたことが分かったのである。この精神は、今につながるものだと思う。

1968年の銀座通り大改修

　1968(昭和43)年の銀座通り改修は、非常に大規模なものであった。まず都電を廃止している。ガス灯を模した街路灯を設置。街路樹のヤナギを撤去し、低木のシャリンバイに植え替えた。歩道の敷石には都電の敷石を活用した。(さすがに2024年現在は傷んでしまいほとんど取り換えてしまったが、ついこの前まで銀座の歩道は、都電の敷石をそのまま使っていた)そして、電気、ガス、水道その他インフラを共同溝へと収めた。

　この時期は、高度経済成長の真っ只中、自動車中心の社会であった。自動車が通りやすいように、銀座通りに余計なものは何も置かないということが方針であったそうだ。だから街路樹も背が低く、地下鉄出入口に屋根も設けなかった。すっきりと

02 改修前(1967年)と、改修後(1968年)の銀座通り。
写真提供:『銀座通り改修工事誌』(建設省関東地方建設局東京国道工事事務所、1991年)

見通しがよく、路上に何にもないというのが、建設省が作ったコンセプトであったという。

2　銀座通りの景観整備
銀座通り景観整備指針の提案

　2001年、当時の建設省東京国道工事事務所から銀座通連合会に対して、銀座通り景観整備指針計画案が提案された。それは、老朽化しつつある銀座通りを1968年当時の状況に戻す「原状回復工事」というものであった。それに対して銀座通連合会は、環境問題への意識も高まり、まちづくりの考え方も自動車中心から歩行者中心へと変わっているのだから、銀座通りのグランドデザインそのものを見直し、そこから景観・機能の整備を検討すべきと主張した。そして専門家の方たちにも入っていただきながら、自ら「銀座通り景観整備検討委員会」を設置した。アイディアレベルではあったものの、歩道の拡幅、車道を曲線にして自動車は通りにくくしてはどうか、歩行者天国の時間をもっと長くしよう、平日も歩行者天国化しよう。そういう意見もすでに、その時に出ていた。

　それに先立つ1999年、銀座通連合会では創立80周年を記念して「銀座まちづくりヴィジョン」を発行している。

そこで方針として掲げられたのが、「水辺再生と路地の活性」「新銀ブラ計画」「新しい銀座カルチャーの創造」という3本の柱である。特に通りに対しては、「歩く楽しさが広がるまち」として、「私たちは歩くことを中心にまちを見直し、歩きやすさを追求していきます」ということを宣言している。「銀座まちづくりヴィジョン」をつくるプロセスでは、来街者の方にアンケートを行った。そこでは、銀座に足りないものとして、広場や公園などのくつろげる場所や緑などが上位に上がった。問題としては路上駐車の車が多い、歩行者空間が魅力的でない、などであった。

　銀座通連合会では、銀座通り景観整備検討委員会で、銀座通りの在り方について勉強を重ねる一方、建設省に対しては、一緒に将来の銀座通りについて考える場をつくっていただけるようにお願いをした。2002年には東京国道工事事務所、中央区、連合会による「銀座通り景観整備指針検討懇談会」が立ち上がり、2004年には、「銀座通りのグランドデザイン（案）」が策定された。さまざまな政治的事情からこのグランドデザイン案が公式に発表されることはなかったのだが、示された基本方針は以下の通りである。

❶ 日本を代表する目抜き通りの道路づくり。
❷ 自然や歴史を感じる潤いのある道路づくり。
❸ 人に優しい快適な移動空間の形成。
❹ 車中心の道路から歩行者中心の道路づくり。
❺ 沿道の建物が一体となった道路づくり。
❻ 品位ある大人をターゲットした道路づくり。
❼ 地元とのパートナーシップによる道路づくり。

シャリンバイの撤去

　2003年、江戸開府400年記念事業が日本橋から銀座に至る中央通りで行われることになり、シャリンバイが一旦撤去されることになった。銀座で

03 銀座通りのシャリンバイ（1968〜2003）とイチイ（2004〜2018）

は季節感を感じられ緑陰をつくる高木による街路樹を望んでいたが、高木の樹種がすぐには決められないため、まずは実験として中間ぐらいの高さの木を植えることにし、クリスマス装飾のことも考えてイチイが選ばれた。

　2005年、銀座通り景観ガイドラインを作ることを目的として、東京国道事務所による「銀座通り景観検討会」が設置され、道路空間のデザイン計画、沿道景観のルール作りを検討した。銀座通りには、道路標識、街路灯のほか、記念碑や防犯カメラ等々、歴史のなかで次々と取り付けた道路付属物があった。そういった道路上の施設をなるべく統合して、減らしていこうというのである。また、2006年、中央区とともに銀座地区地区計画を改正し、銀座通りの建物の高さを例外なく56mと決め、さらに銀座らしい景観をつくるために「銀座デザイン協議会」を設立したところだったので、銀座通りの景観もそれらと齟齬のないものにしようと定められた。

　一方、明治期のガス灯を模した街路灯はかなり老朽化し危険な状況になっていたため、先んじて建替えが検討されることになった。銀座通連合会は国道に対し、「銀座通りに設置する街路灯なのだから、世界中のデザイナーに応募してもらうコンペにしましょう」と提案し、2006年、国土交通省

主催「銀座・京橋・日本橋中央通り照明デザイン国際競技」が開催され、世界18か国280作品のなかから松井淳氏（前橋工科大学教授・当時）の作品が選ばれた。

銀座内では並行して、高木植栽の樹種についての勉強会を継続した。様々な専門家をお呼びし、どういう木が銀座にふさわしいのか勉強を重ねた。様々な樹種の特徴、害虫や病気、国際化の進む中、世界からみた樹木のイメージなどについても話し合った。また、銀座通りの地下には東洋初の地下鉄である銀座線がごく浅い部分に走っており、さらに共同溝が入っているので、そこに高木が植えられるのかどうか、土壌はどうか、といった調査を行った。

そして、銀座通連合会では改めて街路樹検討委員会を作って専門家と一緒に樹種選定の基本的な考え方を整理し、根強い意見のあったヤナギを含む11種以上の樹種を選定し、その中からさらに、カツラ、リンデン、クスノキ、トチノキの4本に絞り込んだ。2012年のことである。そして、①銀座

通りにふさわしい"大きな景"を作る樹、②都市的で洗練された特徴ある街路樹景観を創る樹、③アイレベルでの通りのにぎわいへの"見通し"が確保できる樹形、④四季をつうじて豊かな街路樹景観を創る樹、⑤熱環境の緩和、緑陰の提供など環境性能の高い樹木、⑥法律上の建築限界をクリアできる樹種、⑦冬場のイルミネーションが似合う樹、を選定のための基本的な考え方とし、季節感、病害虫、萌芽力なども考慮して、委員による投票の結果、カツラが選ばれた。

銀座通連合会では、銀座内の合意を得るために何度も説明会を開き、一方、国道事務所は街頭インタビューや銀座通りへのカツラの試験設置を行って来訪者の方に意見を聞いたうえで、2016（平成28）年にプレス発表を行った。

その後、銀座通連合会メンバーは、学識経験者、国道事務所とともに、全長約1.1キロに及ぶ銀座通りの土の深さ、地下鉄までの距離等を一つひとつ図面と合わせながら実地調査を行った。道路占用物をどのようにまとめてゆくかを一個一個、調

銀座通り カツラ植栽のプロセス

2001 国土交通省東京国道工事事務所より「銀座通り景観整備指針・修復計画案」提示
銀座では、「銀座通り景観整備検討委員会」設置
（倉田直道、篠原修、陣内秀信、岡本哲志）

2002 「景観整備指針検討懇談会」開催（東京国道事務所、中央区、銀座通連合会）

2004 「銀座通りのグランドデザイン（案）」策定
銀座は高木植栽を希望
車道遮熱舗装工事
シャリンバイ撤去⇒花壇　⇒　「イチイ」の植栽」

2005 「銀座通り景観検討会」
（東京国道事務所、倉田直道、小林博人、中野恒明、城戸真亜子、銀座通連合会）
「銀座通り景観ガイドライン」策定を目的
御影石歩道補修工事開始～2022

2006 植栽勉強会開始（銀座通連合会）
「銀座・京橋・日本橋中央通り照明デザイン国際競技」（審査員・中村良夫、森山明子、倉田直道、銀座）

2010 銀座通り照明灯のリニューアル

2011 東京国道事務所は街路樹として「ヤナギ」を提案

2012 「銀座通り街路樹検討委員会」（銀座通連合会）開催
⇒樹木候補を11種から4種に

2013 検討委員会は、樹種をカツラに決定

2014 高木植栽に関する意見交換会
（東京国道事務所、銀座通連合会）

2015 銀座通り景観整備検討委員会
（東京国道事務所、東京都、中央区、銀座通連合会）
銀座内説明会開催、パンフレット作製、道路占有物、土壌調査等

2016 プレス発表（東京国道事務所、銀座通連合会）
植栽開始

2019 カツラ植栽終了

2020 花壇計画検討

2021 植え替え終了

04 銀座通りに植えられたカツラ並木

査し図面に落としていった。

　こうして2018年秋、ようやく銀座通り西側の一部のイチイの撤去が始まり、2019年の2月までにすべてのカツラが植樹された。つまり、2001年に建設省から最初の提案を受けてからおよそ18年かかって銀座通りの東西にカツラの木の植木136本が揃えられたのである。

花壇とその他の敷設物

　次に花壇の検討が始まった。なるべく多くのカツラを植樹することにして、逆に花壇の数は減らし、なおかつ道路敷設物は花壇内にまとめることにした。考え方としては、1～8丁目を貫く「カツラ」を「地」として銀座の落ち着いた風格を表し、にぎわいを表現する「図」として花壇を位置づけた。花壇は4人のランドスケープデザイナーに依頼をし、銀座四丁目の交差点を中心として一丁目から四丁目、五丁目から八丁目の片側ずつ別々に、それぞれのテーマを持った、特徴のある植栽計画を行い、2020年春に新しい形へと生まれ変わった。

　花壇の世話は、基本的には業者にお願いしているが、街のボランティアとして花壇清掃活動を行

05 4つのコンセプトの花壇
　上から「銀座植物園」(1～4丁目西側)、「ギンザのノハラ」(1～4丁目東側)、「Sasa Deco」(5～8丁目西側)、「銀座EXOTIC」(5～8丁目東側)

う人たちも出てきた。今後は花壇清掃や世話を含めて、ボランティア活動が広がっていけばよいと考えている。

　銀座通りでは街路灯を変え、街路樹を変え、次は花壇、と一つひとつやってきたがまだまだ、景観整備の途上であると、私たちは考えている。銀座がいっそう、歩行者に優しい、緑の潤いのある場になっていくことを願っている。プランターを置いて緑を増やす、街を歩く人たちが一休みできるようなベンチを置く、等も今後の検討課題のひとつである。

3　銀座はどういう街をめざすか
銀座のモビリティデザインと
銀座ヴィジョン

　2015年、銀座街づくり会議は「銀座モビリティデザイン」を発表した。方針として公共交通のさらなる充実と歩行者空間の拡張を掲げている。交通の優先順位は、①歩行者、②公共交通、③自転車、④自動車、である。

　その後、コロナ禍によって人っ子ひとりいなくなった銀座の街を目の前にして、そして買い物のほとんどをネットですませることができる、という現実を目の前にして、「人はなぜ銀座の街に来るのだろうか。都市に何を求めているのだろうか。これからの銀座の方向性を示すヴィジョンが欲しい」という声が、街のあちこちから聞こえてきた。2022年、銀座街づくり会議のなかに「銀座ヴィジョン会議」を立ち上げ、街の人々にアンケート、ヒアリングを行い、議論を重ねた。そしてつくりあげたヴィジョンは、「2040年、銀座の街全体を歩行者天国にする」というもの。文化は通りから生まれる。1970年から毎週、歩行者天国を実施してきた銀座通りは、台風などの荒天を除いて唯一、コロナ禍による緊急事態宣言下、実施を中止した。その時私たちは、銀座がはぐくんできた通り文化、にぎわいと活気、街を歩く楽しさをあらためて実感した。新しい銀座ヴィジョンは、2025年春に正式発表される予定である。

　根底にあるのは歩いて楽しい銀座、歩行者中心の街という考え方である。98年のヴィジョン作成の時にもすでに、銀座通りをさらに歩行者を中心にするために、車道を減らし歩道を拡幅してはどうかというアイディアは出ていたし、それ以前から、1970年に始まった歩行者天国の時間や場所をもっと拡大してはどうかという意見は、銀座内に常にあったのである。

晴海通り

　本稿では、銀座通りのことを中心に述べてきたが、銀座にはほかにも重要な幹線道路として、晴海通り、外堀通り、昭和通りがある。これらはいずれも都道である。なかでも晴海通りは、西は再開発の進む日比谷・有楽町地区から、東は築地、晴海、臨海部を繋ぎ、銀座エリア内では数寄屋橋交差点、銀座4丁目交差点、三原橋交差点と、銀座を代表する風景を有する。晴海にはオリンピック選手村跡地である晴海フラッグがオープンし、築地市場跡地開発の事業者も決まった。さらに、かつて堀割として舟運を担い、その後全国唯一の民間高速道路となって自動車交通を担ってきたKK線の歩行者空間化も決まった現在、晴海通りは自動車交通道路としての役割はもちろんのこと、歩行者にとっても快適で歩きやすい通りにすること、KK線からの視点場という意味でも、重要性はますます高まっていると考えられる。しかしながら東京都のシンボルロードとして一部が整備されてから40年近くが経ち、街路付属物の老朽化も目立ってきた。銀座ではこれまで、銀座エリアのことだけを考えてきたが、数寄屋橋交差点から築地に至る晴海通りを、一貫したコンセプトに基づいて再整備することを検討していただきたい、と東京都に要望を始めた。

　今私たちは、周辺の街と連携しながら晴海通りのグランドデザインを作るための勉強会から、最初の一歩を始めようとしている。

4　まとめ

　以上、主に銀座通りの街路樹を中心とした緑の整備について述べてきた。特に大事だと思うことは以下のとおりである。

　まずは、自分たちがどういう意思を持つのか、しっかりと考えをまとめ地元の合意形成をすること。銀座では2001年建設省からの提案を受けた

時、建設省の設置する委員会ではなく、自分たちの勉強会を専門家も入れて組織し勉強しながら意思をまとめていった。それを銀座通連合会常務理事会や、全銀座会の街づくり会議や街路整備委員会を通して、合意を得ていった。そのような合意形成の組織、仕組みができていることは非常に大事である。ただ、仕組みだけできていても、皆の納得がいかないままに、会議を通過していってしまい、いつのまにか意思決定されたことになってしまう（「俺は聞いてない」といったような）、というのも実はありがちなので、そういうことのないよう、さまざまなレイヤー（たとえば、大きなシンポジウム、小さな勉強会、ヒアリング、個別インタビュー、意見交換会、ワークショップ、懇親会等々）で、違うシチュエーションで人の意見を聞いたり自分の意見が言える場をつくることが大事だと思う。

そして、それらの個別案件の意思をまとめるためには、どういう街をつくりたいのか、銀座らしさとは何か、を歴史や先人たちからの教え、エピソード、街にふさわしいふるまいの暗黙のルールを含めて、日頃から常に共有しておくことが大切である。

次に、街は行政（銀座通りの場合は国土交通省）との関係をどう築いていくのか、という点である。建設省が大きな力を持ち、国が主導でまちづくりをしていた時代から、地元が自分たちの意思や思いを、国に対して伝えていくことが非常に重要な時代へと変わったと思う。

やろうとする事業の主体は誰なのか。ひと昔前なら当然、国であっただろう。今も費用負担という意味で、行政主体の事業がほとんどかもしれない。だが、だからといってお任せしておくわけにはいかないのである。一方、国をはじめ行政は、戦後急速に整備されたインフラの維持管理事業を民間に任せる方向へと舵をきっている。たとえば、地域団体が地域の社会的課題を解決する公益性のある活動を行うために、収益をあげることができるようにした「エリアマネジメント事業」も、その

ための規制緩和のひとつである。

銀座通りと国道は、「道路協定」を結んでいる。その内容は、「銀座通連合会が主体となり、中央区と国道がそれに協力して、銀座通りの景観維持、道路環境保全の活動を進める」というものである。具体的には清掃活動、花壇や街路樹の維持、景観に配慮した沿道建築物等の自主規制、その他、銀座通り上の安全や不法占用防止活動などである。銀座では、エリアマネジメント事業を活用して銀座通り晴海通り他に、フラッグ広告を掲出し、それらの収益を、以上のような活動の費用にあてている。

最後に、専門家との関係をあげておきたい。専門家との関係においても、決めるのはあくまで地元であることを覚えておきたい。ただし、地元は専門家を使い捨てにしてはいけないと思う。

課題としては、維持管理のための人と費用。街の活動は、すべてが基本的にボランティアである。かつては、店の前の花壇は店の人たちがついでの機会に世話してすんでいたものだが、そうもいかない店舗、事業所が増えている。銀座通り、晴海通りの規模になると、花壇全体の維持管理を定期的にまんべんなく行うとすれば、お世話ボランティアを簡単に組織できるものではない。時間をかけて理解を得ながら、ひろげていこうとしているところである。町会、通り会はもちろんのこと、さまざまな階層のコミュニティづくりが、まちづくりの基盤強化につながると考えている。

費用は、上述のとおり「エリアマネジメント事業」でまかなっている。このような、まちとして収益を上げる方法を今後も模索していきたい。

竹沢 えり子（たけざわ・えりこ）
全銀座会・（一社）銀座通連合会・銀座街づくり会議事務局長。東京生まれ。慶應義塾大学文学部卒業。 出版社勤務、企画会社経営を経て、1992年頃より銀座のまちづくりに関わる。2011年、東京工業大学大学院社会理工学研究科博士課程修了。博士（工学）。銀座のまちづくりをテーマとした博士論文にて日本都市計画学会論文奨励賞を受賞。 著書に『銀座にはなぜ超高層ビルがないのか』（平凡社新書、2013）、共著に『銀座 街の物語』（河出書房新社、2006）、『地域と大学の共創まちづくり』（学芸出版社、2008）など。

歩行者中心のまちづくり

リンクとプレイス
── 歩行者環境データからみる表参道

三浦詩乃　一般社団法人 ストリートライフ・メイカーズ／中央大学

> " さまざまな文化背景を持つ利用者が
> **快適に共存できるような、**
> **ゆとりある空間の必要性** "
>
> ―――― 三浦詩乃

リンクとプレイス

　1-1で示した目抜き通りの公共空間の方針は「リンク&プレイス」という、2000年代以降、英国を中心に街路ネットワーク再編事業に用いられている概念を導入したワークショップ手法で検討したものであり、本章ではその解説を行う。従来、街路では通行機能＝リンク中心　あるいはリンクか／それ以外か、の二項対立で街路ネットワークのデザインが考えられてきた。生活の場（それに伴う滞留）＝プレイスとしての評価を加えると、リンクとプレイスの2軸で、これまでよりも沿道の特色に応じた、多様な街路空間のゾーニングができる。プレイスのイメージについては、次の野原氏の原稿でも解説がなされているのでご覧いただきたい。01は実際にロンドン交通局（Transport for London）で用いられている事例で、広幅員の街路を一言で「幹線」と片づけて車中心として設計・運用せずに、バリエーションを持たせてデザインしていく方針だ。

　コロナ禍以後、従来高めのリンク機能を想定して設計・運用していた通りでも、自転車レーン整備、歩道拡幅や規制速度を低めに設定する見直しなどが進んでいる。また、多様な移動手段で通りを「シェア」する使い方も示唆している。01の真ん中の High Street は、歩行者が横断している場面を写しているが、ロンドンには例えば4車線

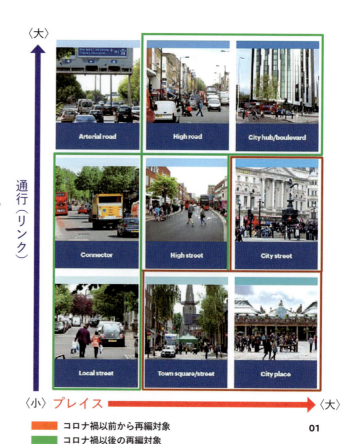

01 リンクとプレイスの2軸によるストリート評価と英国での再編の状況
　（出典：Transport for London）
02 表参道における2019年時点の自転車事故データ
　（出典：警視庁オープンデータ）

道路でもこうした歩行者の横断を促進しようというデザインの仕掛けに取り組んでいる事例が見られ、表参道にも適用できると考えた。

現在は徐々に適用例が見られつつあるが、ワークショップ実施当時、具体的なエリアのビジョンづくりに、「リンク＆プレイス」を取り入れた日本のまちは他になかった。そのため、筆者含む土木・建築・都市デザインの専門家チーム（新街路構想研究会）を組んで、手法を考案した。ワークショップでは、まず原宿表参道エリアの中で大切にしたい／重要だと思う「プレイス」がどこにどのようにあるか共有しながら、その「プレイス」を維持・創出していくために留意すべき「リンク」のデータ（例として**02**）も参照していく方法で進めた。

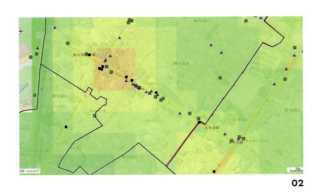

02

ワークショップでは**1〜5**に取り組んだ。

1 参加者1人につき3つの原宿表参道エリアらしさのあるプレイスを挙げてもらう。

2 プレイスとリンクの2軸で、都道の機能をどのように変えていきたいか議論する。

3 **2**を前提条件として、都道に対して設計アイデア（平面図）を考える。プレイス機能を高めるA・Bの2案を作成。

A班案ではリンク機能を現状維持、B班案ではリンク機能も高めるものとした。なお、リンク機能は車両の台数ではなく、車両が乗せて運ぶ総人数が指標となる。つまり、1〜2人で利用されがちな自家用車よりも多数の人が乗り合い、空間効率の高いバスや走行に必要な幅員が小さい自転車を促進すれば、リンク機能は高まる。（**03**）

4 エリア広域マップを囲む議論を設け、都道と生活道路の関係性を検討。（**04**）
  (a) 地勢や地域の歴史を尊重すること
  (b) 災害対策が重要な課題であること
  (c) **04**赤色でも示されているような歩行者に利用されている魅力的な生活道路（キャットストリートなど）の両側を結ぶ横断歩道整備などが意見として挙げられた。

5 総括して、ファシリテーター（専門家チーム）が1-1に示したパース図として公共空間の方針を提案した。パース図はA・Bのうちより大胆なアイデアを視覚化し、ビジョンを率直に伝えるA案を選定したものである。これは、より多くの利害関係者が議論に参加するにつれて、アイデアより慎重に扱われていくという前提に基づき、保守的な／無難な空間デザインに収束しないように、あるいは創造的な要素が残るように配慮したためだ。さらに、示した絵姿の実現に向けて地区内外のリンク機能の見直しをどのように行なっていくべきか戦略を整理した。

歩行者環境データ分析

このワークショップを実施し、公共空間の方針を策定した後も、専門家チームが表参道の歩行者環境の特性に関する研究を継続しているのでその一部を紹介する。

まず、ワークショップ時に空間情報分析を担当いただいた千葉工大・薄井教授の研究では、原宿表参道エリアの建物高さとセットバックの調和を分析している。その結果、住宅街では「建物高さ」か「セットバック（壁面位置）」のいずれかが調和

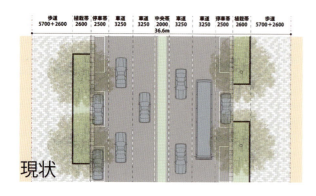
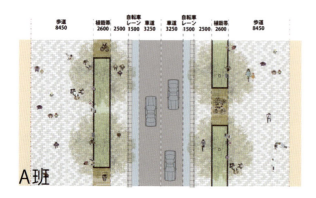
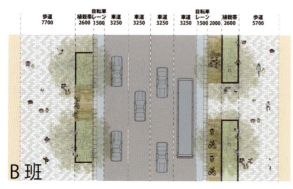

03 現在の表参道（上）とA・B案（下）

A 自転車レーンでリンク機能を維持しつつ、参道らしくゆとりある通り

[ハードウェア]
テラス空間の確保、ケヤキの生育を優先すること。通りの横断円滑化のため、歩道を拡張する。

[マネジメント]
神宮への象徴的な参道軸としてシンメトリーに設計される。滞在、屋台、荷降ろし、自転車置き場、バス停など、多様な用途を時間帯に応じて変容できるマルチモーダルな「フレキシブルゾーン」として運用する。ただし、飲酒しながらのたむろなどの望ましくない使用を防ぐため、モニタリングの実施が必要。

B 公共交通機関の利用者の総数を増やすことで、リンクとプレイス機能の双方を強化する

[ハードウェア]
自転車の事故データなども参照しながら駐車帯を自転車レーンや滞留空間に置き換え、交差点を改善する。アシンメトリーのレイアウトを採用し、子どもたちが通う小学校のある東側街区により広い歩道を設ける。中央分離帯と歩道橋を撤去した後、地上レベルでの横断機会を増やすことで、歩行者のリンク機能を強化する。オープンカフェは業種によっては（衣料品ブランドなど）人気がない場合があるため、設置位置は建物から離れた車道側とする。

[マネジメント]
民地側でのルールづくり
・建物の特徴を反映した、さまざまな座席家具を提供する。
・路外駐車場の入口の位置（大型ビルや近隣の通りの既存の余剰駐車施設を活用するなど）。
・景観、ゴミ管理など、安全や美化につながるルール作り。

している傾向が見られるが、表参道沿いは、調和がない、または「セットバック」が統一的だが、「建物高さ」はばらついている、という状態である。現状、ケヤキ並木の生み出す調和と、歩行者にとって視覚的なリズム感のある個性ある建物、という景観のバランスが表参道の魅力となっているが、この分析結果を踏まえると、背の高いケヤキが更新されると現状よりも建物ごとの個性が際立ってみえると考えられる。今後の出店者に対して、建築側で新たな並木のもとでの表参道ブランドを維持する景観方針（例えば、ケヤキの樹幹で覆われやすい高層部分と、低層部分の協調ルール。あるいは、隣り合う建物の特性も考慮して新規建築デザインを行うなど、空間要素にまとまりを持たせる仕組みなど）を共有していく仕組みが必要になってくるかもしれない。

また、筆者は研究協力者とともに、コロナ禍で

の歩行者の挙動に関する画像解析分析や、インバウンド来訪者が増加した現在の滞留実態調査（2024年実施）を行なっている。後者の調査について紹介する。この調査は、多国籍来訪者の滞留の共存に適した空間条件を提示することを目的とした。具体的には多国籍からなる来訪者を大きく3地域（日本、アジア圏、アジア圏以外）の属性に分類してその人数構成とともに振る舞い（活動内容、パーソナルスペースおよびグループ間距離）の特性を明らかにした。インバウンド最盛期とされる7月に欅会のご協力のもと現地調査を行った結果、日本人の滞留者はキャットストリートに多いこと、アジア圏の滞留者は2人以上のグループ利用を行い、かつ飲食を伴う割合が高いこと、アジア圏外の滞留者は個人行動のち集合するような傾向（1-2名での利用）があることが明らかになった。より広い滞留スペースを必要とするグループ利用者については、「三角公園」、「kiddy land shop 前」、「キャットストリート（西側）」、「表参道まちかど庭園」といった場所が選ばれており、椅子が木陰に設置されているセットバックやポケットパークのような空間（その中でも低木植栽がカーブに配置されている部分）がプレイスとして機能していることが確認された。ゆとりのあるセットバックが大きく見られ、キャットストリートとの結節点であるまちかど庭園では、会話のようなくつろぐ行動も見られ、日本人の滞留する割合も高かった。

こうした結果は、公共空間の方針に示したようなさまざまな文化背景を持つ利用者が快適に共存できるようなゆとりある空間の必要性を裏付けている。今後、リンクとプレイスのディテールのデザインにも、これらの調査結果が寄与できればと考えている。

04 広域評価の一例（歩行者にとってリンクとプレイス双方の高い区間が赤）

■ 建物の高さも壁面位置も **調和**
■ 建物の高さは **調和**・壁面位置は **不調和**
■ 建物の壁面位置は **調和**・高さは **不調和**
　 両方とも **不調和**
　 道路

05 神宮前エリアの建物の調和分析
　　（出典：参考文献2）

06 多国籍来訪者の共存が
　　みられたまちかど庭園

参考文献
1)S. Miura, H.Usui, Y.Ishida, Y.Oyabu, K.Yamada:Development of Workshop Framework Empowering Local Stakeholders for 'Place Strategy' in a District: An implementation at Omotesando, Tokyo,Journal Research in Transportation Economics ,Thredbo 17 Conference - Special Issue: Competition and Ownership in Land Passenger Transport ,100 ,101318-101318,2023
2)Usui, H., 2023, Relative variability in streetscape skeletons and spatial association: Application for identifying harmonious and inharmonious streetscape skeletons in Tokyo, Geographical Analysis. (published online 20231009)
3)石川和磨,三浦詩乃:街路空間における多国籍来訪者の振る舞いに関する研究,第70回土木計画学秋大会,2024

歩行者中心のまちづくり
健やかな暮らし方を実現するアクティブデザイン

野原 卓 横浜国立大学 大学院

> 身体から考えるミクロなデザインから、まち全体のあり方を考えるマクロな都市デザインまで広い視野を持って進める必要がある。
>
> ——野原 卓

求められる「アクティブデザイン」

　近年、人口減少社会の到来に伴う「縮減時代」を迎えた日本において、活気と魅力のあるまちづくりが求められている中で、2019年、国土交通省により「居心地が良く歩きたくなるまちなか」を目指したまちづくりのあり方が提言され、都市に過ごす人々にとって豊かな暮らしや活動が進むべく、「ウォーカブル」な都市空間の創出に向けての視座が示された。歩きやすい、あるいは歩きたくなる都市空間の存在は、その都市空間で活動を行う動機や機会を増やすことになり、アクティブな生活を生み出す源泉となりうる。

　しかしながら、人々は以前に比べると「動かなく」なっている。東京圏におけるパーソントリップ調査の結果によれば、人々の外出率は、年代にかかわらず、以前と比べて減少している。積極的にまちに出て、まちを使い、豊かな社会活動を行うことは、心身の健康のためにも必要であり、健やかな暮らし方を進めるためには、「まち」自体も豊かであることが求められる。その中で、国内外において、豊かな「身体活動」を通した健康を考えるまちづくりは注目を集めており、海外では、Active Designなどとも呼ばれているが、身体活動を促すような豊かな都市空間の創出を目指した取り組みが進められている。また、公衆衛生の分野でも、慢性疾患の改善や「未病」のためにも、高齢者の引きこもり防止のためにも、身体活動を伴う外出機会の創出は注目されており、「ポピュレーションアプローチ」と呼ばれる通り、多くの人が病気になる「前」に健康づくりに取り組める社会を目指すべく、「都

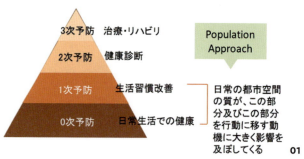

01 集団全体の健康リスクを軽減するポピュレーションアプローチ
02 身体活動を促すまちづくりデザインガイド（https://hpd.cpms.chiba-u.jp/activeguide/）

市空間の環境改善」によるアクティブデザインに視線が注がれている。(01, 02)

一方、「まち」自体はどうだろうか。近代以降、都市はその機能性、効率性、性能を重視してつくられ、移動のために利用する「道路」も、(主に自動車の)円滑な通行を達成することを目指して整備されており、その結果、必ずしも「人」にとって歩きやすい、居心地のよい、魅力ある空間は創られていなかった。縮減時代を迎えた都市において、都市の資産(ストック)である、公共空間やまちを使いこなし、魅力ある豊かな場にカスタマイズしてゆくことはとても重要なことである。そこで、ここでは、どのような都市空間がウォーカブルなまちを形成し、アクティブで身体活動を促す場となりうるかについて考えてみたい。

４つの「D」と２つの「P」による健康まちづくり

まず、アクティブな移動を促す環境要素として、「3つのD」(3Ds)、密度(Density)・土地利用の多様性(Diversity)・歩行者志向のデザイン(Design)というものがよく知られている。密度については、人口密度の高い都市ほど平均歩行時間が長く、みな多く歩くということが言われているとともに、土地利用が多様で、徒歩圏内に店舗や公園等があると、それらが目的地となって歩行が促される。いろんな活動が集まり、多彩な活動が見られるまちは、結果的にアクティブで動きたくなる状況が生まれるということだろう。一方で、歩きやすい歩道整備、歩きたくなる景観形成など、「歩行者志向のデザイン」が施されることで歩きたくなる都市空間が育まれる。さらに、これらで包含できない要素、例えば、そもそも安全に歩くことができるか、防犯はどうか、ごみは落ちてない美しい場所か、そして、歩きたくなる動機が生まれるかなど「魅力」(Desirability)というのも歩きたくなるまちづくりにおいては重要だといえる。加えて、近年では、整備・開発して終わりとなる「つくる」都市づくりから、管理運営や利活用も含めて、できた後も豊かでありつづける「つかう」都市づくりの大切さが謳われていることから、豊かな「場」を育んでゆくような「プレイスメイキング」(Placemaking)、そして、こうした健康を促すまちづくりをみんなで豊かにしてゆく、みんなで参加したくなるまちづくりための「プロモーション」(Promotion)も、都市デザインをアクティブにする上で重要となる。このように、アクティブなまちを考えるうえで、上記のような、4つの「D」と2つの「P」というのが、一つの指針となると考えられる。

ここでは、中でも特に、「歩行者志向のデザイン(Design)」について、詳しく述べていきたい。

アクティブな都市空間の「デザイン」

まず、健康まちづくりを考える上で、なぜ「Design」というのが大事なのか。「ひと」(身体)と「まち」(環境)を考えたとき、この環境を受け入れるための媒介(インターフェイス)となるのが、自らの「身体」であり、かつ、その生身の身体で触れられる「空間」から外部環境の刺激や健康まちづくりの効果を受け止めることになるため、自分がどんな空間に置かれているか、どんな場に触れているかが、外出したくなるか、動きたくなるか、運動したくなるか、といった動機に大きな影響を与え

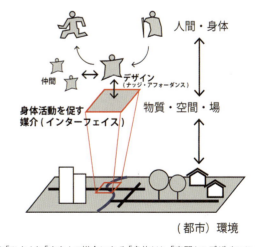

03 「ひと」と「まち」の媒介になる「身体」は、「空間」のデザインによって様々な刺激を受ける

る。そのため、身体活動を促すまちづくりにおいても、「空間」のデザインは、とても大切である。その意味では、「ひと」の身体と「まち」の環境との接点となる「場」（Place）がどのような場所であるか、その場所が近づきたくないような状態になっていたり、使いにくいというような状態になっていたりすると、人はそこから離れてしまうため、都市空間が、身体的にも精神的にも近づきやすい場所となっているか、身体が受け入れやすい場所になっているかを考えることはとても重要である。

例えば、横浜市日本大通りは、幅員36m（車道が9m、歩道が13.5m×2）のメインストリートであるが、両側歩道の各中央に設けられた銀杏並木の周りに人が座っている。その座っている場所は、一見ベンチのように見えるが、実際は、植栽を守るための防護柵である。しかし、柵部分が、ちょうど座りやすい高さ、そして上部が少しだけ斜めになっており、なんとなく座りたくなってしまうような設えとなっている。このような細やかなデザインの工夫が、人々の行動に大きな影響を与える。逆に、近年では、ベンチの真ん中に柵のようなものを設置して、ベンチに寝られない状態を作ったりするような「近づきにくく」するデザインも見られるが、身体活動を促す都市空間とするには、近づきやすい、いろんな活動が誘発しやすい状況を生み出すことが大切である。近年では、「ナッジ」と呼ばれる、こうした行動をうまくより良い方向に促すデザイン（例えば、階段を歩くと音楽が鳴って、エスカレータよりも階段をつかいたくなってしまうなど）を考える行動経済学のようなものも発展してきている。

次に、近年、各地で進められる「ウォーカブルなまちづくり」について考えてみる。ウォーカブルとは、まさに、「Walk」（歩く）に「-able」（可能・できる）が加わった言葉であり、「歩きやすい」とか「歩きたくなる」というような意味を持つ言葉であるが、具体的には、「ウォーカブル」という言葉を発している人によってそこに込めている意味が大きく異なったりすることが多い。例えば、①安心して歩行者が歩くことができるような安全性（交通安全性等）が確保されるような方向性や、②バリア・ギャップ（段差等）を解消して、誰しもがフラットに近づけるようにすること、あるいは、③公共交通などをうまく用いることがさらなる「歩行」を誘発するという考え方、そもそも歩行圏内に目的地がなければ移動しないので、④歩ける範囲内に密集して目的地（サービス）が用意されているか、あるいは、行きたくなるような魅力のある目的地（おいしいお店など）があるかどうか、⑤友人に会ったり交流が促される場があるか、まちを歩いていて偶然の出会いが発生しうる状況にあるか、⑥ちょっと休んだりたたずんだりできる居心地の良さや受け入れやすさがあるか、もしくは、⑦都市のメインストリートの魅力がまちへの誇りにつながったり、こうした場にかかわることでまちに愛着に感じられるか…など、それぞれのまちのアクティブデザインを考えるときには、どんな要素を踏まえながらアクティブデザインを実践するのがよいか、それぞれのまちのことをよく考えながら進めてゆくことが大切である。

こうしたアクティブデザインの取り組みは、世界中で行われており、例えば、ニューヨーク市では、健康まちづくりをまち全体のデザインの中で推進してゆくために、Active Design Guideline (2010) が策定されている。そこでは、都市デザインのガイドラインと建築デザインのガイドライン

04 横浜市日本大通りには、銀杏並木沿いの防護柵に腰掛ける人の姿が多く見られる。

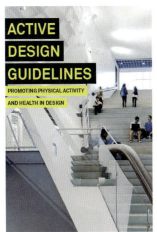

05 Active Design Guideline／ニューヨーク市
06 通学路に関するデザインガイドライン／Heart Foundation

に示されており、都市空間に関しては、ミクストユース、街路ネットワーク、歩きやすく豊かな街路空間や広場の形成（自転車の使いやすさも含まれる）などが示されるほか、建築レベルでは、階段を始めとした身体活動ができる空間のあり方が記されている。また、オーストラリアでは、こうしたウォーカブルなまちづくりを進めているのが、Heart Foundation（心臓財団）であり、近年では、小学校への通学路に注目し、これまでは自家用車やバスで送迎されていたところを、歩いて学校に通うことを検討しており、日本の通学路にも視線が注がれている（近年では小学校の統廃合が進む中で、むしろ日本のほうが歩いて通えなくなってきているが）。このように、欧米では、肥満解消や生活習慣病予防が中心であるが、日本では、さらに、高齢者等の外出機会創出が課題となっている。そのため、できるだけバリアの少ない空間が求められているほか、外部空間においても、適度な運動器具の設置や、卓球台・ボルダリング施設など、楽しく身体を動かせる場所の創出が図られており、こうしたまちづくりを進めることで、結果的に医療費も削減されるというメリットも期待されている。(05,06)

ストリート（みち）から始まるアクティブデザイン

アクティブデザインを考えるには、都市空間の中でもまず、「みち」（道路）から始めるのが良いのではないかと思われる。道路という空間は都市空間の中でも多くを占める場所である。例えば、横浜市の都市的土地利用の19%は道路だともいわれている。その意味で、道路が変われば、都市が変わるともいえよう。また、道路は、我々にとって近くて遠い存在である。朝起きて、まず最初に使う公共空間はたいてい道路だろうし、おそらく道路を使ったことのない人はいないのではないかという意味でも、道路は最もよく使う公共空間だろう。しかし、逆に道路に関わるのはとても難しい。道路の整備は行政が進めてしまうので、道路の整備に関与したことのある人はほとんどいないだろうし、関わるといっても、清掃活動くらいであり、時にはマルシェや通りの活用に関わったことがあるくらいだろうか。その意味で、近くて遠いのである。しかし、だからこそ、道路を近づきやすい、使いやすい場（みち＝ストリート）とすることが、アクティブなまちを生み出すためにもとても重要な場所となる。ここで、みち（ストリート）におけるアクティブデザインを導くキーワードを挙げてみる。

1 リンク＆プレイス

アクティブな都市空間を生み出すうえで、一本のみちだけを考えるのではなく、街路空間の「ネットワーク」を考えることはとても重要である。その中でも、「リンク＆プレイス」と呼ばれる考え方がある。都市の道路には、リンク（通行）とプレイス（滞留）という二つの機能が求められるが、

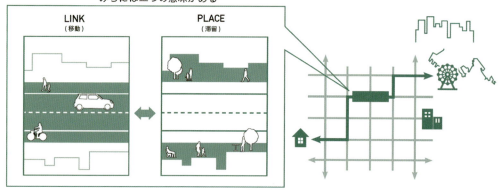

07 リンクとプレイス（出典：樋野・野原・花里・吉田（2021）『身体活動を促すデザインガイド』）

まち全体を見ると、通行に重きをおくべき道路と、歩行者や人間が使うことに重きをおいた道路、その両方が必要な道路…と、いろいろある中で、道路ごとに求められる機能の度合いを見定めながらまちづくりを考えてゆくという考え方である。なかでも、「プレイス」が求められる道路を見定め、そこでは、より歩行者や人々がどのような形で歩きやすく、使いやすい空間を生み出すことができるのか考えることが大事である。また、プレイスを生み出すうえでも、歩道は単なる通行の場とするだけでなく、店からの滲みだしの場や、ちょっと休んだりたたずんだりする場、時には利用や活用ができる場、緑や照明などを設置する場など、様々な機能も含めて配分を考える必要がある。

2 シークエンス

シークエンスとは、移動しながら、順番に変化してゆく風景のつながりを指す言葉である。シークエンスが感じられる空間は、歩いたり移動したりしていくほどに新たな風景が生まれたり自然を感じたりどんどん進みたくなるような、動的風景が感じられ、歩行者の回遊性を高めることとなるし、ウォーキングやジョギングも続けていきたくなるような場所となりうる。

例えば、横浜市の都心臨海部は、50年前、港湾や産業のための空間が中心であったため、かつて、ウォーターフロントに出られるのは山下公園くらいだった上に、「うみ」と「まち」は離れてしまっており、まちから山下公園にたどり着けないし、公園に来た人たちがまちにやってこない。そこで、「うみ」と「まち」をつなぐべく、「緑の軸線構想」と呼ばれる将来像が1960年代に設定され、運河を埋め立てて創られた大通り公園、市役所脇に設けられたくすのき広場、そして、横浜スタジアムもある横浜公園などが接続されてきた。その後も、

08 都市軸の整備
都市部臨海のウォーターフロント軸と陸から海に向かう緑の軸線を形成し、横浜最大の魅力である海と緑を活用して都心部を有機的に結びつける
出典：横浜市パンフレット『横浜の都市デザイン』

日本大通りの再整備（2002）、象の鼻パークの整備（2009）、みなと大通りにおける道路空間再配分の検討など、異なる公共空間同士をつなぐ取り組みが50年をかけて少しずつ更新して進められている。また、ウォーターフロントにおいても、みなとみらい中央地区開発時に整備された臨港パークから女神橋、ハンマーヘッドと続き、さらに赤レンガパーク、象の鼻パーク、臨港線プロムナードを抜けて、信号に合わずに山下公園にたどり着くような連続性が、こちらも30年近くを経て獲得されることとなった。

3 パーミアビリティ（浸透性）

また、まちでアクティブに活動するには、単に移動のためにみちを通過してしまうのではなく、沿道のお店や広場、建物の中に入り込んでみたり、魅力的な路地の奥まで進んでみたり、多様な選択肢を通って寄り道したりしながら、まちに「入り込める」ような空間が必要となる。そのためには、街区をできるだけ小さくして、多くの街路や通路が確保されることにより、歩行者動線の選択肢や自由度が高められた都市空間、あるいは、建築物のグラウンドレベル（接地階）に関して、建築物に入りやすく、かつ、アクセスしやすい空間となっていたり、透明性が高く見通しが効いたり、オープンカフェのように建物と街路が一体となるよう

な、浸透性の高い（パーミアブルな）都市空間のデザインが進めば、結果的に様々な活動が誘発される、ということにもなるだろう。

あるいは、ちょっと休んだり佇んだり、時にはマルシェやキッチンカーを用いたり、いろんな使い方のできるような余白を用意しておくことも大切である。また、アーバンファニチュア（まちの家具）となるような魅力的なベンチ・椅子・テーブルやいろんな設えがあることも大事である。広場に普通に卓球台が置いてあったり、健康器具が設けられていたり、気軽に使える場所は、都市への浸透性も高めてゆくこととなる。

4 プレイスメイキング

もし、目の前にきれいな街路があったとしても、そこが人々にとって使いたくなる、居心地の良い、じぶんのための「居場所」（プレイス）となっていなければ、積極的な利用や愛着につながらない。

まず、都市空間の居心地や愛着を考えると、「歩きたくなる」「居続けたくなる」「何度も来たくなる」には、空間の「魅力」も重要となる。地域の誇りを感じられる空間、街並みや風景の魅力が創出されている空間、自然豊かで居心地よく快適な空間の存在自体が、そこで、まちで活動したくなるモチベーションを生み出す。例えば、地域の歴史文化もとても重要である。シドニー市に近年整備されたGoods Lineという公共空間は、貨物線の高架廃線をリノベーションして、歩行者専用空間を生み出した事例であるが、シドニーの産業を支えた歴史も生かしながら、魅力的な空間が生み出されている。（**09,10**）また、前述の日本大通り（横浜市）のように、まちのメインストリートでは、歴史的建造物やイチョウの街路樹、質の高い

09 パーミアビリティが高い空間では、思わず歩きたくなる環境が実現されやすい。

1 未来の原宿表参道まちづくりビジョン｜ 67

舗装や道路付属物などで構成される、街路が重ねてきた歴史文化の見える街並み・風景が大切にされており、何度も訪れたい空間となっている。

次に、ハードだけでなく、ソフトの活動やまちへの関わりが、まちで活動するモチベーションになってゆくことも多い。仲間とともに活動する、交流する場があることで、一人で活動するよりもモチベーションが高まり、活動も継続されやすい。そのためには、交流できる場や一緒に身体活動でき

る場の創出、親しみや愛着の湧く場の創出が大切になる。一方で、都市空間では、一人であっても居心地よくいられたり、滞在できたりする場の存在もまた重要である。家や職場だけでなく、自分らしい活動が進められる場所（サードプレイス）をまちのなかに見つけてゆくことが、外出機会の増加につながる。また、こうした「場」を利用するだけでなく、生み出すための取り組みや活動も大事である。ちょっとした居心地の良いベンチやテーブルを使いやすいように置くだけでも、そこに場が生まれる（アーバン・ファニチュア）。かつて、「井戸端会議」が行われたように、集まって話ができる場所の創出も重要である。さらに、単に魅力ある都市空間が用意されてゆくだけでなく、その空間の創出に自らが関わることができると、愛着もさらに増して、さらなる活動増加にもつながってゆく。そのためには、清掃したあとに一緒にコーヒーを飲む活動や、小さな社会実験から始める都市空間の改編、シティ・リペアとかアスファルトアートと呼ばれるような、街路をペンキ等でリ・デザインする活動などを、地域とともに行うことなどが考えられる。(12)

10,11 ウォーカブルな場となったシドニーの公共空間
12 KOSUGI 3 E OPEN TERRACE（川崎市武蔵小杉,2020年11月）では、路面にテープアートが施され、道路空間の新しい使い方を提示した

活動を育むマネジメント

このようなアクティブなまちづくりを地域ぐるみで推進することを考えると、個人での活動だけでは限界があり、様々な主体と一緒になって、総合的なまちづくり、あるいは、都市空間の整備創出を進めてゆく中に、健康まちづくりを上手に入れ込んでゆく必要がある。そのためには、地域を統括する自治体（市区町村）との連携、開発を行う民間企業との連携、あるいは、その両者の連携も重要な要素となってくる。かつては、都市の計画は、行政主導、あるいは、開発を統括する民間企業主導で行われることも多かったが、ハード整備だけでなく、その後の管理や利活用も含めてまちづくりが持続的に行われるためには、ソフトな活動に関わる地域住民や中間組織、権利者などが一緒になって、整備時点から活用のことも考えながらまちづくりを進めてゆく必要がある。

さらに、持続的なまちづくりには、これを進めるための「財源」も重要になってくる。まちづくりに関係する主体が協働するだけでなく、負担も分け合う「エリアマネジメント」を実現させ、健康まちづくりも重要な要素に位置づける中で、総合的なまちづくりを推進することが期待される。例えば、柏市柏の葉キャンパス周辺地区では、公×民×学連携のまちづくり拠点であるUDCK（柏の葉アーバンデザインセンター）を中心に、様々なまちづくりのマネジメントが行われており、ウォーカブルな都市空間整備や魅力ある活動の場の創出とともに、身体活動もしやすい空間整備や案内サインの挿入、健康に関する情報提供や交流の場の創出などが総合的に行われている。また、健康まちづくりという側面では、まちの中でパークラン（市民主体で週末に5キロのランニングイベントを運営する取り組み。欧米豪で盛ん）も行われるようになるなど、様々な形、様々な主体によって健康まちづくりが展開されている。

このように、都市空間のアクティブデザインを考えるには、身体から考えるミクロなデザインから、まち全体のあり方を考えるマクロな都市デザインまで広い視野を持って進める必要がある。せっかく魅力的な広場や身体活動の空間ができていても、そこに至る動線や公共交通が使いにくかったり、そもそも、まちなかで活動するための様々なサービスが伴っていなかったりすると、その力を存分に生かされない空間となってしまう。その意味では、まち全体のあり方（都市計画）との関係、あるいは、公衆衛生の視点など、大きな視点でのあり方もともに考えながらも、自分たちが進んで行うアクティブな行動と、自分たちが愛着を持って使いたくなるアクティブな場づくりがまちじゅうで展開されることが、結果的にアクティブなまちを生み出すことになるのかもしれない。

最後に、原宿・表参道エリアは、国内外から常に活動的な人々が集まる世界有数の場所であると同時に、歴史的に見ても、表参道と裏参道（神宮内外苑連絡道路）と神宮内外苑を通じた「回遊都市」を目指したまちづくりの遺伝子を有する魅力的なエリアである。こうした様々な魅力を紡ぎ合わせながら、アクティブな活動をたくさん受け止められるまちづくりの展開が期待されるだろう。

野原 卓（のはら・たく）
横浜国立大学大学院 都市イノベーション研究院 准教授．都市デザイナー、博士（工学）．東京大学大学院修了後、設計事務所勤務、東京大学助手を経て現職。横浜市、大田区、石巻市、喜多方市、松山市などで都市デザインマネジメントの実践・研究活動を行う。

参考文献：『身体活動を促すまちづくりデザインガイド』

クリエイティブなまちづくり

価値を創造する都市

服部圭郎 龍谷大学

> “
> 　原宿には表参道という、とてつもない
> 消費空間と一体で「裏原宿」という
> 生産空間が存在していたことが、
> ここを特別なまちとしていた。”
>
> ——————服部圭郎

　人はなぜ都市をつくることになったのか。それは、人は集うことで、経済性を獲得できるからです。集積の経済と呼ばれるものです。これは生産面と消費面といった経済性から論じることもできますし、さらに交流の経済とでもいうべき効果からも論じることができます。多くの消費者がいる都市は、それを必要とする商品・サービスを提供することができます。例えば東京には多くのレストランが存在していますが、そこではマレーシア料理からブータン料理、ブラジル料理、ウクライナ料理など、世界中のほとんどありとあらゆる料理を味わうことができます。しかも、その価格帯も高級レストランから庶民的なレストランまで揃えていたりします。これは、そのようなニッチ的なレストランでも消費者が多いので商売として成立するだけの需要があるからです。また、消費者が多いと客席数の多いコンサート・ホールやスポーツ・スタジアムをつくることができま

す。そして、それらを会場としたイベントなどを開催することができます。ビートルズのポール・マッカートニーが 2013 年から 2017 年にかけて、4 回ほど来日コンサートを行いました。どこで開催するのか、というと 2013 年は東京、大阪、福岡、2014 年は東京、大阪、2015 年は東京、大阪、2017 年は東京のみ。このように稀少なイベントは消費者が多い大都市においてのみ開催される場合が少なくありません。

　そして、このように消費者が多いということは、生産面からも多くのメリットを生じさせることになります。なぜなら、消費者の多さは多様性を増すことに繋がるからです。例えば、消費者が多様であることで、大都市では小さいライブハウスを多く揃えることができ、ニッチで尖った音楽を演奏するバンド等を観る機会を消費者に提供できると同時に、大衆受けをしない音楽を演奏する側からすれば、演奏する機会が得られることに繋がります。そして、そのような機会を得ることで、その音楽が大衆に届いてブレークする可能性がゼロから 10％ぐらい増えるかもしれない。同じことはファッション産業にもいえます。多様な消費者がいることは、トレンド的には外しているデザインの服でも、ある程度のマーケットを掴み、どうにか商売として成立させてくれるかもしれない。そして、それがそのうち、流行するかもしれない。ただ、そのような新しい価値を創造する機会が与えられなくては、その蕾が花開くこと

01　ベルリン中央駅に立つベルリン・ベア。アレキサンダー広場のテレビ塔、ブランデンブルク門といった制度的な人間味のないシンボルが多いベルリンで数少ない温かみを感じるシンボルは東西ドイツ再統一後にローカル・アーティストによって発案された。

はあり得ません。

　このように、都市が価値を創造するというのは、そのような機会をいかに提供できるか、ということに関わってきます。しかし、このように書くと、いやいやいや、同じような規模の都市でも、価値を創造できる都市とそうでない都市とがあるじゃないか、との指摘を受けそうです。確かにそうです。私は、今、この原稿をドイツのベルリンで書いています。（01）ベルリンは創造都市というイメージがあるかと思いますが、2024年のベルリンにそのような価値を創造する機能があるか、というと極めて疑問に思っています。ベルリンはドイツの中ではダントツの人口規模を有しています。その人口は2023年時点で385万人。次点のハンブルクの179万人の2倍以上の人口規模です。しかし、ハンブルクとベルリンのどちらが価値を創造するのか、と問われればハンブルクであると思います。実際、ベルリンはドイツ平均より人口当たりのGDPが低く、ドイツのGDPはベルリンを計算から外した方が0.2％ほど高くなります。このように書くと、いやイメージと全然、違うなという反応をされる読者もいるかもしれません。ベルリンこそ創造都市の典型例じゃないのか、という反応が来そうです。確かにリチャード・フロリダの『創造都市』の指標である寛容性は高い、ということは今のベルリンでもいえます。しかし、そのような人には、ベルリンのお土産は何だと思いますか、と尋ねたいと思います。これは、ベルリンに長期滞在された人も答えに窮する質問です。実は、私は個人的にはいろいろと調べた結果、エリッヒ・ハーマンのチョコレートであれば人に多少は喜んでもらえるのではないか、と思い、これをベルリン土産としていますが、その存在は多くのベルリナーにも知られていません。日本人がドイツ土産として、もらって喜ぶものとしてバウムクーヘンがあるかと思

います。バウムクーヘンのお店がベルリンには3軒しかなく、そのうちの一つはクリスマス・シーズンでしか売っていません。人口385万人に3軒。しかも、どれもベルリン発祥のお店ではないのです。ちなみに、ドイツで「バウムクーヘンの都市（Baumkuchen Stadt）」というブランディングがされているザルツヴェーデルは、人口が3万人にも満たない小都市ですがバウムクーヘンのお店が4軒ほどあります。

　確かにベルリンは、1990年にドイツが再統一した直後の10年間ぐらいは、カオス状態であり、それゆえの自由さが、多くの人の創造性を刺激したということはいえるかと思います。特にクラブ系、テクノ系の音楽のメッカとして、世界中にその名をとどろかせました。ただ、その人口規模に比して、輩出したミュージシャンは数少ないです。ハード・メタル系ではラムシュタインが全員、旧東ドイツ出身ということでベルリンがこのバンドを成長させるうえで大きな役割を果たしたとは言えそうです。他には、旧東ベルリンで生まれ、旧西ベルリンでメジャーになったパンク・ミュージシャンであるニナ・ヘーゲン、テクノ系ではタンジェリン・ドリーム、そのメンバーであったクラウス・シュルツェはベルリンという都市がその創造性を発揮するうえでは大きな影響を与えたとはいえますが、それくらいではないでしょうか。

　ドイツは料理がそもそも、それほど美味しくはないですが、ベルリンはそのドイツ水準から比べても今ひとつです。ベルリンの名物料理はカレー・ソーセージですが、これはベルリンのスナックのおばちゃんが、戦後、ベルリンに入ってきたケチャップとカレー粉をソーセージにかけて食べてみたら比較的イケたので、それから店のメニューにしたら広まったという代物らしいのですが、ニュルンベルクやミュンヘンの白ソーセージのように、ソーセージの味で勝負しないところなどもちょっと残念な料理です。そして、料理が今ひとつのドイツで、唯一、これは世界でも最高クラスに美味しいと言えるものはビールかと思うのですが、ベルリンには地元住民が自慢できるようなビールはありません。一応、ベルリナーというビールの銘柄がありますが、特別なものではありません。このように、現在のベルリンは、その人口規模に比して価値を創造する機能が弱いな、ということを日々、この都市で暮らしていて感じています。

　ここで、その原因を論じるには、私もまだ考察が不足しているのですが、ちょっとした仮説はあります。都市の価値を創造するのは人です。しかし、人を単に集めればいい、という訳ではない。人がいるというのは価値を創造するうえでの必要条件にしか過ぎない。なぜなら、人に創造力を発揮させ、価値を生み出す力を獲得させるためには、その人の力を喚起させないといけないからです。それでは、その力はどのようにして生じるのか。それは、他者との交流・コミュニケーション、情報交換によってです。出会いが必要な訳です。逆にいえば、出会いの機会が少なければ、どんなに人口が大きくても、それが価値創造に繋がることはないということです。

　この出会いというものこそ、まさに交流の経済です。大都市における交流の経済の顕著な例は恋人探しです。アメリカで一昔前にヒットした『セックス・アンド・ザ・シティ』の舞台はニューヨークでないと成立しません。なぜなら、ニューヨークという大都市であるからこそ、恋人候補の異性（同性？）が多く、ついでに言えばアメリカにしては自動車利用率が低いため、公共空間での出会いの機会が他都市より遥かに多いからです。同様のことは『ブリジット・ジョーンズの日記』のロンドン、『東京タラレバ娘』の東京にも言えます。『東京タラレバ娘』で主人公の倫子が、恋人を見つけて「東京、やっぱ最高」と叫ぶ一コマがありますが、これはまさに大集積都市、東京の魅力を如実に示しています。

そして、このような出会いは恋人でなくても起きえます。そして、その結果、都市は醸造所において米と米麹とが反応して日本酒ができるように、人と人との反応によって価値を生み出す孵化器のような役割を果たすことになります。これは、例えばバンドがつくられる過程などを考えると分かりやすいかと思います。私は、下北沢のロック・バー『マザー』によく行っていたのですが、80年代前半に日本の音楽シーンに衝撃を与えたファンク・ロック・バンド「ジャガタラ」はそこの客同士が組んだことがバンドの生まれたきっかけでした。(02) アメリカのロック・バンド「スマッシング・パンプキンズ」もシカゴでのライブハウスでの客同士の音楽論争がきっかけで結成されたりしています。

したがって、都市にはそのような交流を促すような仕掛けや機会をたくさん提供していることが新しい価値を創造するうえで重要な要素であると考えられます。そして、この仕掛けや機会のハードルが低いことが重要でしょう。

あと、ここで留意しなくてはならないことは、この価値を創造するためには、その人の自由度をしっかりと担保するということです。企業的な組織から、そのような価値を生み出すことは不可能とまでは言わないですが、相当、難しいかなとは思います。もちろん、ある程度、価値を創造する体制がつくられたら、それを企業的な組織へと移行させるというのはあるかもしれませんが、その時点で、つくりだした価値を維持することは出来るでしょうが、新たな価値を創造することは相当、難しくなるのではないか、と思われます。非常に乱暴ないい方をすると、企業は作り出した価値を金に換算する機能は果たすことができますが、新しい価値を生み出すことは都市産業という観点からは、なかなか難しいのではないか、と思っています。もちろん、製造業とか化学産業とかは別です。

02 下北沢最古のロック・バー『マザー』

東京にコンビニエンス・ストアがすぐ閉店してしまう街があります。北区の十条です。十条にある十条銀座商店街は、明治時代から存在する商店街ですが、そこには200軒ほどのお店が集積しています。そして、特徴としては惣菜屋が多い。他にも手作り餃子やおむすび屋さん、おでんの種屋さんなどが立地しています。これらのお店は味もさることながら、料金的にもコンビニよりも安い。そして、地域立脚であるために、地域の需要の変化などを的確に掴むアンテナも、本部からの指示で対応するコンビニよりはるかに優れている。その結果、十条ではコンビニエンス・ストアのドル箱である惣菜が売れないのです。それで開店してもすぐ閉店するという現象が起きています。十条銀座商店街では、このような個店の惣菜屋が多く、競争原理も働いていることもあり、コンビニエンス・ストアでは到底、太刀打ちできないような価値を創造することに繋がっているのです。そして、その価値をしっかりと消費者も認

03 十条を代表するおでん種屋だった『かねまさ蒲鉾店』（2012年6月閉店）
04 大阪・蒲生の『マニアック長屋』は、古民家を雑貨店にリノベーション。

識して、これらの個店を支えている。素晴らしい生産者と消費者のウィン・ウィンの関係性が十条では実現されているのです。(03)

　ハードルの高さを低くして、価値を創造するポテンシャルを有する人々に機会を与えているのが大阪市城東区にある蒲生四丁目の事例です。この地区は第二次世界大戦の戦火を免れたために築100年以上の古民家が数多く残っています。これらの古民家には、借りたいという需要があり、さらには貸したいと大家も思っているにも関わらず、マッチングがうまくできない状況にありました。そこで、この古民家が地域資源であることを見出した地元の不動産屋が、このミスマッチの原因である両者間のコミュニケーション不足を補塡する役割を担うことにしました。大家さんは、リノベーションをしないと借り手がみつからないけど、借り手がいるかどうか分からないのにリノベーションをするのには抵抗があります。そのために、この不動産屋はリノベーションの投資をする前に借り手を探してくるようにしました。そして、借り手にもアドバイスをするようにしました。つまり、古民家を借りてお店を開こうと考えている人達には、コンシェルジェのような役割を担うことにしたのです。例えば、カフェをしたいと考えている人には、そのリスクなどを解説して、場合によっては違う業種を勧めたりします。これは、せっかく入ってもらった店子がすぐ抜けられると不動産屋のビジネスにとってもマイナスなので、なるべく事業が上手くいくようにするのが得策だと考えたからです。この不動産屋さんの活躍によって、それまでは活かされなかった「古民家」という貴重な街の資産が流通し、建物を再生すると同時に地元の経済をも再生させました。それは、埋もれていたまちの「価値」を再創造した事例として捉えることができます。

　都市は醸造所において米と米麹とが反応して日本酒ができるように、人と人との反応によって価値を生み出す孵化器のような役割を果たすこ

とができると上述しましたが、まさにこの不動産屋は「都市」の酵母菌のようなものであると思われます。(**04**)

　都市が価値を創造するためには、人をいかに活かすかが重要です。そして、そのためには多様な機会を提供しなくてはなりません。ベルリンに話を戻しますと、ベルリンは東西の壁が崩壊した後、その混乱ゆえに多くの機会を提供しました。同様のことはライプツィヒでもみられました。人々は新しい体制下で、新しい価値が創造できるのでは、という期待をもってベルリンにやってきたのです。確かに1990年代のベルリン、そして2000年代のライプツィヒは、人々に多様な機会を提供しました。しかし、その後、極めて低価格であった家賃は高騰し始め、何かを試すためのハードルは高くなっています。一世を風靡したベルリンのクラブも家賃が払えずに閉店したり、別の都市へ移動したりしています。ベルリンに一年ほどいて感じるのは、人と協働することが日本人に比べて下手だな、ということです。あと、私はこれまで住んだサンフランシスコや、同じドイツのデュッセルドルフでも気に入ったお店では常連となっています。もちろん、家族が住んでいる東京や仕事場である京都では、そのような贔屓のお店があります。しかし、残念ながらベルリンではそのようなお店を見つけることができませんでした。これは、お店というメディアを通じて、人と繋がる、という意識が全般的に弱いからではないか、というのが私の仮説です。ベルリンの多くのお店ではお客は記号として見ているのでは、と感じることがあります。もちろん、これだけの大都市ですからスペシャリティ・ショップみたいな店もあり、私も家のそばにある珈琲豆屋にはよく通います。ここはベルリン市内で珈琲を焙煎している貴重なお店で、そういう美味しい珈琲豆を提供したいという気持ちを持っている人がいることを知っています。このお店は新しい価値をベルリンに提供しているな、とは思ったりしていますが、そういうお店

が人口に比して少数な気がします。

　こういう新しい価値を創造したいという気持ちを人に持たせ、そのような人に多くの機会を提供し、そしてそれを支持する人達がその恩恵を被る、といったサイクルが回転していくことで、都市に価値が生まれていくのでしょうが、今のベルリンには何かが根源的に欠けていると思わせられます。それは、人との繋がりを強化するような仕組みが弱いので、何かをつくりたいという気持ちに人をさせないことと、そういう気持ちになったとしても機会がなかなか提供されない、ということかなと考えています。ベルリンの人達はよく「金がない」というのを言い訳に使うような印象を受けますが、それは社会主義の東ベルリンはもちろんですが、西ベルリンも市場経済ではなくて補助金経済で回っていたことで培われた依存主義のDNAかなと思ったりもします。その結果、都市文化のレベルはとても高いとはいえない。料理だけでなく、音楽のリテラシーとかも私の数少ない経験から帰納するのは危険ではありますが、低いように感じます。日本酒の比喩でいえば、米と米麹はあるかもしれないが、酵母菌が少ないのであまり発酵もせず、発酵したとしても味が悪い、ということでしょうか。私は自分が「米」であり、発酵したいという気持ちを、還暦を過ぎてもまだ持っているのですが、この都市では全然、発酵できないな、という諦めの気持ちを感じてしまいます。これは、東京との大きな差ですし、京都とも大きく違います。もちろん、外国人であるということはあるでしょうし、年輩であるということもハードルになっているかとは思いますが、東京とか京都は外国人や年輩者を「おもろく扱う」ことに長けているのではないか、と思います。

　さて、いろいろと述べてきましたが、そのような文脈で原宿を考察すると、原宿には表参道というとてつもない消費空間と一体で「裏原宿」という生産空間が存在していたことが、ここを特別な

1　未来の原宿表参道まちづくりビジョン｜　75

05 原宿における「孵化器」になっていた拠点。From1stなど。
06 原宿の広場空間には多くの人が集う。集うことは都市が創造性を発揮させるうえでの必要条件である。

まちとしていたと考えることができます。これが、原宿が郊外に立地するショッピングセンターとは根源的に異なる理由です。なぜなら、郊外に立地するショッピングセンターは100％、消費空間であるからです。原宿というと消費空間ばかりが注目されがちですが、この街のアイデンティティは生産機能です。なぜなら、消費空間は場所をあまり選びませんが、生産機能は場所を選ぶか

らです。そして、原宿で生産されたものは「ファッション」という情報です。そして、その生産機能に惹かれて、多くのクリエイティブな若者がそこに集まってきます。ここでのポイントは消費をするためではなく、生産するために集まっているということです。

1963年、石津謙介氏のVANは大阪から本社を青山三丁目に移転させました。コシノジュンコ氏は1966年にColetteというブティックを青山に開きます。どうして青山なのか、という質問に氏は次のように答えています。「その頃、石津謙介さんのVANはあったけれど、まだファッションの街という感じではなくて。でも、どうしても青山にお店を出したいって思ったの。銀座や渋谷のような繁華街ではなく、どこか上品な街。そんな青山に憧れていたんです」。デザイナーとしての感性が青山三丁目に可能性を見出したのかと思わせるような発言です。空間デザイナーの浜野安宏氏は1973年に竹下通りにブティック「Count

Down」を開業し、1974年には表参道に「From 1st」をつくり、竹下通り、表参道の性格を大きく変える開発を先導し、現在の原宿の骨格をつくっていきます。現在の原宿の表参道、明治通り、青山通りなどを歩いていると、まさに商品ディスプレイに覆われ、大消費空間のような印象を受けるかもしれませんが、原宿のDNAはあくまで、創造ポテンシャルを有する人々を集め、そこで彼ら・彼女らの創造性を喚起し、価値をつくりあげてきた生産機能にあります。このような人材を育てる「孵化器」の機能こそが原宿の価値・魅力の源泉であり、その機能はこれからもしっかりと維持していくことが求められます。逆にいえば、この機能さえ維持できていれば、そして、街が創造ポテンシャルを有する人々を集める磁力を維持さえできていれば、将来も東京において特別な街であり続けるのではないかと推察されます。そして、人を集める鍵は機会をしっかりと提供し、人と人との関係性をより深めるような機能を果たしていることです。

服部圭郎（はっとり・けいろう）

1963年、東京生まれ。東京大学工学部卒業。カリフォルニア大学バークレイ校環境デザイン学部で修士号取得。民間シンクタンク、明治学院大学経済学部、ドルトムント工科大学客員教授、ベルリン工科大学客員教授を経て、現在、龍谷大学政策学部教授。専門は都市・地域計画、都市デザイン、フィールドスタディ。趣味は登山・スキー、ロックバンド、居酒屋めぐり、ユーチューバー。技術士（都市・地方計画）、博士（総合政策）。著書に『若者のためのまちづくり』（岩波ジュニア新書）など。

ビジョンを実現するための2つのサイクル

原宿表参道エリアのまちづくりビジョンにおけるケヤキのあり方は、2013年出版の「原宿表参道 2013 水と緑が協生するまちづくり」において、山本氏が提起した街路樹の問題と可能性を原案として提唱されており、本書で再掲した。

この提唱内容も踏まえて、各専門家から以下の示唆が寄せられた。水谷氏は、新たな社会規範として、2030年までに生物多様性の損失を食い止め、2050年までに反転させて回復軌道に乗せようとする「ネイチャーポジティブ（自然再興）」の考え方を紹介した。この概念をまちづくりビジョンにも反映することとし、山本氏に近い見方でもある「育てて切って使って、また育てる」という、人と社会が共生する樹木の寿命の考え方、そして多様な木材利用の有効性について取り入れた。この「緑のサイクル」は目抜き通りの公共空間の方針にも取り入れた。 では、このサイクルをまわしはじめるには、まちの物理的な環境をどう変化させればいいだろうか？この点のヒントとなるのが東京農業大学・ランドスケープデザイン・情報学研究室からの提案内容だ。軸線的な緑（ケヤキ並木）、面的な緑（明治神宮の杜）、微小な緑（建築・住宅地）といった地域の歴史や地形を踏まえた具体的な空間づくりのイメージがふくらむアイデアをいただいた。水と緑の持続可能性の観点から、目抜き通りの公共空間方針と連動させて住宅街にも身近なオープンスペースを変えていくこと

で原宿表参道に現れるグリーンインフラ像が明確化した。

東京都・銀座エリアでまちづくりを牽引されてきた竹沢氏には、こうした交通および街路のハードウェア再整備の実現に向けて、対処療法ではなく、新しい時代にふさわしい空間づくりを地元主導で検討し、行政へ提言する際に、まちづくり団体に求められる役割について解説いただいた。街路樹の試験設置と合わせた景観方針づくりやデザインコンペなど、表参道のこれからのプロセスでも取り入れ得る仕組みを学ぶことができた。

服部氏からは、人材を育てる「孵化器」の機能こそが原宿表参道の価値・魅力の源泉だと明言していただいた。その観点から、地元の皆さんと検討した目抜き通りの将来像を改めて眺めてみると、生まれてはじめて表参道にきた人から、ここで生まれて長年住まう人に至るまで、多様な活動がケヤキの木陰にあるフレックスゾーンでクロスするようなゆとりあるデザイン要素が取り入れられている。あらゆる原宿表参道を愛する人々が、目抜き通りの「プレイス」でゆっくりと時間を過ごし、風景を共有すること。それによって、まちの水や緑、それらを拠り所とする生物、そしてもちろん人の暮らしに対する思いやりの気持ちが育まれることを期待したい。さらに積極的にまちに関わり

たい・根付きたいと思った人を受け入れる、目抜き通りの背後に構える住・商・創が混在する新たな住まい方こそが、この街の「孵化器」となってほしい。

このように目抜き通りの公共空間が変わること、住宅街が住・商・創の混在するまちへと成熟することが相互に与える影響についての考察は避けて通るべきではない。例えば、目抜き通りが変われば横断しやすさや緑のネットワーキングが改善されるとともに、早朝（大型店舗の開店時間まで）も佇めることなどによって、来街者の回遊パターンが変わるかもしれない。また、住宅街に生産機能（住・商・創の「創」）が充実すれば、このまちならではの文化コンテンツに惹きつけられてさらに多様な地域からの来訪者の目的地になっていくかもしれない。つまり、目抜き通りと住宅地の2つのそれぞれの方針のうち、進行する順によっては、方針で描けていなかった思わぬ「プレイス」が生まれてくるはずである。長期のビジョンを掲げる上では、こうした取り組みの相乗効果や自然発生で起きていく変化をうまく生かして伸ばしていく体制を築いていくことこそ、つまり「アクションのサイクル」が重要だ。野原氏からは、仲間ともと地域活動や身体活動を共にする、あるいは交流する場があることで、一人で活動するよりもモチベーションが高まり、活動も継続されやすいこ

とを示していただいた。アクションを柔軟に起こせる体制からプレイスが創出され、自由度のあるプレイスがエリアマネジメントを成熟させていく。「緑（環境）」と「アクション（人）」がビジョンの5つの価値「**1.**原宿表参道の誇りと文化を形成してきたケヤキ並木の保全　**2.**生態系と人のつながりを豊かにする新たな緑　**3.**現住民が住まい続けられるまちへ　**4.**高質なアイデアをまちに実装する創造的な生産機能　**5.**歩行者指向のストリート」を支えるサイクルである。次の第2章では、このうち「アクション」について掘り下げていく。

1 未来の原宿表参道まちづくりビジョン｜　79

Chapter

2

まちづくりビジョンを実行するために

アクションを伴ったまちづくり

石田祐也 一般社団法人ストリートライフ・メイカーズ／合同会社ishau／一般社団法人ソトノバ

> " 実際に実験して、
> 空間を体験してもらうに勝る
> 合意形成方法はない。"
> ―――― 石田祐也

実践主義のまちづくり

1章では、ビジョン、それに伴う公共空間と住まい方の方針とともに、時代の要請に合わせて実現していくこと、受け身で待つのではなく戦略をもち、描いた将来の姿に近づくアクションを行い、機運を高めていくことの必要性について述べた。特に、今まで当たり前のように車が走ってきた、ストリート空間を変える際に、社会実験としてアクションを起こすことが一般的になってきている。

こうした事業を試行し、前進させるアクションのことを、都市デザインの分野では「タクティカル・アーバニズム」と称する。タクティカル・アーバニズムとは、市民が自ら行う「短期間、低コストで、予算や人材などの変化に柔軟に適応できる試行の繰り返し」(02)を計画に反映していく「都市の鍼治療」であり、試行で用いたアイデアと試行結果がデジタルネイティブ世代市民のWeb上を含むコミュニケーションにより、発信または情報収集され、横展開につながるとされる(01)。国際的に見ると、本来は行政が、試行場所・内容に応じた支援策、あるいは場所と内容の誘導が、例えば、事業効果が発揮されやすい地域課題を抱えているエリア、多様な人々が利用するようなエリア（学校，市場、オープンスペース、商店街、交通結節点など）、公共交通指向型開発と絡めたものを優先的に行うことを推奨する。コロナ禍のなか各国で歩道の拡幅、滞留空間や自転車レーンの設置が迅速に進んだのは、行政職員がタクティカル・アーバニズムを実践していたからだ。次頁に国内の3つの事例を紹介する。デザイナー側がこうした潮流を理解して、行政や地元に提案し、実現に向けて調整している。

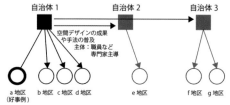

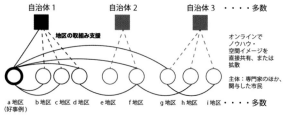

01 デジタルネイティブ以後のWeb情報によるアクション波及

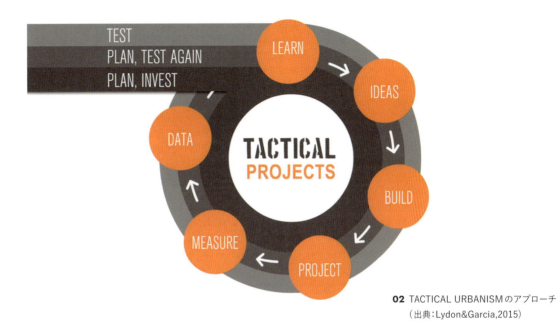

02 TACTICAL URBANISMのアプローチ
（出典：Lydon&Garcia,2015）

タクティカル・アーバニズム実践例

　例えば、筆者は渋谷区宮益坂において、2019年にPark(ing)Day2019渋谷宮益坂を実践した。(03) Park(ing)Dayとは、路上駐車スペースを1日限定で小さな公園に変える取り組みで、毎年9月第3金曜日に世界中の都市で行なわれているアクションである。以前より宮益坂では、渋谷区が歩行者中心の道路空間整備の計画を進めており、2019年時点では、一般車両用の路上駐車の縮減や、荷捌きスペースの適正化を図りながら、歩道を一部拡幅した仮設歩道が設置されていた。そこで、地元商店街と（一社）ソトノバが共催し、民間の手により、歩道の拡幅部分を通行空間としてではなく滞留空間として活用することで、歩行者中心の道路空間づくりの機運向上に繋がった。

　Park(ing)Dayは1日限定の取り組みだが、その常設版として「パークレット」がある。2023年に東京都中央区八重洲通りで実施されたYAESU st. PARKLET（04）は、東京駅前地区全体の歩行者ネットワークの入口として居心地良く賑わいあふれる空間として利活用するために、車道と歩道の一部にデッキスペースを配し、ベンチやカウンターテーブル、植栽等による高質な滞留空間を創出し、キッチンカー営業やワークショップ等のイベントをパークレット内で実施した。八重洲通りでは、高速バスターミナルの整備や周辺の大規模な再開発等様々な環境変化が見込まれているなかで、道路空間再編による道路交通への影響や賑わい創出のあり方等を検証するために行なわれた社会実験である。実験主体は東京駅前地区駐車対策協議会と東京駅前地区まちづくり推進協議会で、どちらも八重洲・日本橋・京橋エリアで活動する地元企業や町会から構成される民間組織である。

　このように、民間事業者が率先して前面空間の質向上に投資していき、不動産価値を高めること、各自事業のアピールに繋げることも珍しくなくなってきた。

　また、東京以外の都市においても、小さいながらもインパクトの大きい駅前の幹線道路の1車線を滞在空間に変えていく実験が進行しはじめており、ここでは沼津市で行われたOPEN NUMAZU PARKLET（05）を紹介したい。この沼津の事例を魅力的にしているのは、手植えの植栽で、管理

03　Park(ing)Day2019渋谷宮益坂（一般社団法人ソトノバ提供）
04　YAESU st. PARKLET（合同会社ishau提供、写真：高野ユリカ）
05　OPEN NUMAZU PARKLET（SOCI inc.提供）

に必要になる備品には前面の大型店が協力するとともに、地元の高校生たちがメンテナンスの活動に参加している。こうした小さなアクションだからこそ、今までまちづくりに接点がなかった若者たちが気軽に参加しやすい。現在までにより広いまちづくりを語るテーブルにも高校生を招いていく契機となった。

ビジョンに近づくために

表参道の公共空間の方針も、地元側ではなかなか時期が予測できないケヤキの植え替えのタイミングを待つだけではなく、小さくアクションできる、駐車帯をフレックスゾーン化する実験を幾度か行い、ケヤキのために、その下でくつろぐ地元の方や来街者のために、歩道空間を拡幅するイメージを体験してもらうことが望ましい。都市デザインの知見では、人の密度よりも単独利用／親密な人との利用など人々の多様な関係性の混ざり合いが活気を感じる空間に求められることなど[注]がすでに示されてきたが、ワークショップのように机上では、歩道が広がると、歩行者の密度がおちて寂しくみえるのではないか、滞在空間が夜のたまり場にならないかといった懸念が解消されないままである。ストリート空間においては、実際に実

験して、空間を体験してもらうに勝る合意形成方法はない。実験の結果、どのように来街者の活動が変化したか、つまり上記したような人々の多様な関係性の混ざり合いが実現したか、事前・事後で可視化しておくと良い。例えば、表参道歩道上では区間ごとに来街者の過ごし方の特性が異なることが明らかだ。原宿駅側では活動内容の多様性が高く、明治通り交差点では会話のような交流が盛ん、表参道ヒルズ側では落ち着いて滞留するような傾向がある。現状の特性を生かしながら、問題を解決するようなデザインであったか、振り返り、次のアクションを計画しやすくなる。

また、沿道のみでなく、エリアやこのまちに愛着をもつ担い手の活用に開いていく、いくつかのフレックスゾーンの運用を考えると、現在協議会に参加していないけれど熱意のある若手を発掘することも重要である。沼津市の事例に見られるように、小さい実験に親密に関わることから、これまでまちの将来が気になっているけれども接点を持てなかった若者たちが、地元の組織とつながり、エリアマネジメントの持続可能性を高めていくことにもなり得る。

注 C.アレクザンダー：パタン・ランゲージ―環境設計の手引, 鹿島出版会 (1984) の "Activity Pocket" より

地域発のまちづくりを推進する取り組み
―10M2プロジェクト―

2023年から公共空間の方針案の検討ワークショップに参加した一部メンバーで、任意活動として「10M2」プロジェクトを開始している。地域のビジョンにつながる小さなアクションをはじめたい、そのためにまちにアイデアを出すところから神宮前エリアを愛するより広くの人に関わってもらいたい、と考えた。「10M2」は10㎡、駐車スペース1台分の大きさだ。目抜き通りの方針において、駐車帯をフレックスゾーンに変えていく際の目安になる大きさにもなる。タイポロジー（**01**）や写真に示すように、日常的または一時的にでも、車ではなく人や緑のための「プレイス」が増えると、まちの印象は大きく変わるだろう。方針では高質なベンチ空間を描いているが、実際にフレックスゾーンはすべてこの形でいいのか、どんな風景にしたいのか、そのためにどんな活動を起こしたいのか、まで想像力を高めたい。そこで、この大きさの空間が、まず変わることの価値、将来の使い方を楽しく考えてもらう、まちの魅力探索やアイデア収集を、まちづくり協議会に参画しているメンバーを中心としつつ、外部にも間口を広げて行ってきた。

具体的にはまちづくり協議会の議論の内容を参加メンバーで復習・勉強した上で、タイポロジーのイメージを紹介して、神宮前エリアの10㎡空間の魅力や改良の方針を考えるべく、まちあるきを繰り返した。実際に10㎡サイズになる長い紐を作成して持ち歩き、適宜取り出して、見比べながらまちを巡った。その結果から、まちの特徴を議論して、適切な協力者がおり、地元の住民の方に主旨が理解されれば、少人数でもはじめられそうなアイデアについてまとめることとした。数回のまち歩きを通じて、特徴的な10㎡空間をおよそ200箇所抽出した。参加者からの意見を読み解いて、**02**に示すように10㎡空間のどのような特長を伸ばすか/問題を解決するか、そのアイデアを7つにグルーピングした。

3.2m × 3.2m

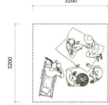

子どものプール｜涼む

ピクニック｜飲食

音楽を奏でる
その他、茶をたてる、花壇（40本分）など

2m × 5m

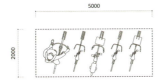

自転車5台｜駐輪

本100冊以上｜出会う・まなぶ

ハンモック｜くつろぐ
その他、動画投影、キッチンカーなど

1m × 10m

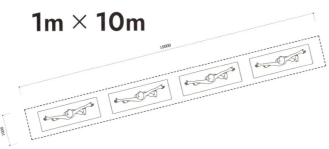

軒先｜涼む

4人ヨガ｜運動する

アート｜創作する
その他、ベンチ(5脚)、ミニカーコースなど

r = 1.8m

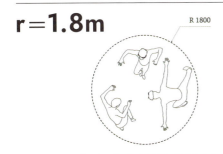

ストリートダンス

サクラ1本｜花見

キャンドルライト1台｜癒す
その他、けんけんぱ、輪になる(15人ぐらい)など

01 10M2空間タイポロジー

2 まちづくりビジョンを実行するために｜87

TYPE 1 「名残り」

かつての神宮前の姿の名残りを感じさせる史跡や掲示物。ある時点で強い思いの元に設置されているはずだが、現在は気づかれにくい存在になっている。ものがあるだけでなく、伝えるためのソフトの施策がセットであるべきと考え、歴史に紐づいた物語や飲食物を体験できる場づくりのアイデアが出た。

TYPE 2 「スキマ」

街区のかたちやエントランスの設け方等で発生した、「スキマ」感が印象に残る空間。なかには10㎡にも満たないようなものが多く、単体としてではなく、回遊性や複数箇所のつながりを意識したグッズ化等のアイデアが出された。

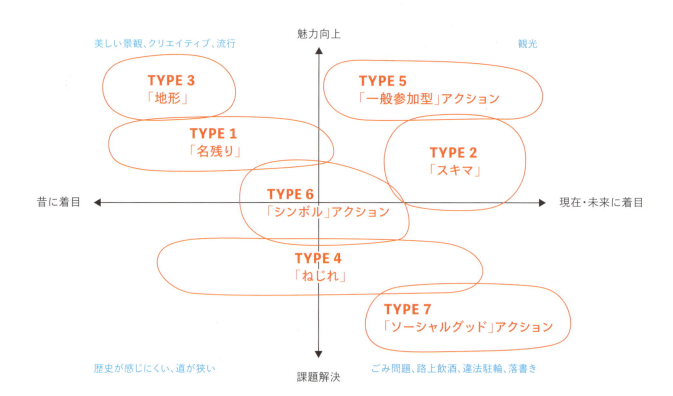

02 約200箇所の空間に対するアイデアのグルーピング結果

TYPE 3 「地形」

普段は目に見えない地下水や起伏など、往時の面影を感じるもの。自然を感じさせる遊びやかつての風景の再現を念頭に置いたアイデアが寄せられた。

TYPE 4 「ねじれ」

滞留しやすくポテンシャルの高い空間であるが、利用ルールが明確でないためオープンに使えず、違和感を生んでいる場所。来街者と近隣生活者との摩擦が見て取れる場所もある。空間活用のリテラシーを高め、平和的なアイデアで住民の負担を低減できる方法はないかと議論の的になった。

TYPE 5 「一般参加型」アクション

人の振る舞いに対して10㎡を見出したアイデア。数人グループの旅行者が10㎡程度の範囲で、歩く速さの差やショーウィンドウを覗くタイミングなどで、同行者が近づいたり離れたりしながら歩いていることに気が付いた。そこで、10㎡は人と人が「一緒にいる」と認識できる広さの単位でもあると考えた。行き交う人々を観察していると、多国籍・多目的の人が交差するこのエリアだからこそ、消費によらない豊かさを発見・発揮したいという思いが強くなった。

TYPE 6 「シンボル」アクション

10㎡を魅力的に使いこなすアイデアを、まちなかで発掘する。「カワイイ」フードの食べ歩きや、個性的なファッションでまちを歩くこと、物珍しいものが売られていることなど、多くの人がイメージする「原宿」を体現している空間や人の行いに注目する。参加者からは、「原宿らしさを保ってくれていることへのお礼をしたい」「寛容性のある場所の使い方を表彰したい」などという声があがった。

TYPE 7 「ソーシャルグッド」アクション

このエリアに限らず、公共空間で起こりうる課題に意識を向けたもの。誰かにとってはクリエイティブで魅力的・便利（都会らしさや原宿らしさを感じる）なことも、その他の誰かにとっては不安を感じるような、矛盾を抱える空間をポジティブに変化させて、問題提起し、将来のあり方を探りたいというアイデアが寄せられた。

2 まちづくりビジョンを実行するために

こうした7つのグループから、メンバーがなかでもこれから動かしたいものについてアイデアブックとアクションのための手引きを作成中だ。イラストで示すような暖かな交流が生まれるプレイスとしての10㎡空間を増やすアクションについて、読者の皆さんに関心を持っていただき、さらなるアイデアや助言を頂ければ幸いである（03）。

　タクティカル・アーバニズムのアプローチも踏まえながら、10M2プロジェクトで幹事は以下を大切にしながら取り組みを行った。

- 規模にこだわらず、お金をかけず、軽やかさを保つことで主体性を見失わない。
- そのために「小ささ」にこだわること
- その象徴として駐車スペース1台分である「10㎡」をモチーフにすること
- ポジショントークをせず、アイデアを出した個人の目線と経験に立脚すること
- 想いでつながること、人と人として共感できることを探していくなかで仲間となっていくこと
- ゴールありきでなく、ころがしながら出会うものを拾い上げていくこと
- 先入観に捕らわれず、実際にまちを歩き回り、リアルタイムのまちの姿を見つめること
- まちの歴史やブランドを消費しないこと
- 先人の営みをリスペクトし、フリーライドをしないこと

　活動を通じて、多くの来街者にとっての「原宿表参道」は観光地であり、ショッピングストリートだが歴史や自然、そしてこのまちを形創った人々のことを知るほど、だれかの「地元」であり「生活の場」であることを感じることとなり、アイデアもまちの歴史をリスペクトし、魅力を受け継いでいくものが提案された。

【謝辞】本取り組みを進めるにあたり、原宿エリアにお住まいの皆さん、お勤めの皆さんに広くご参加いただき、思いやエピソードのご共有、多数のアイデアを賜りました。ここに深謝いたします。

幹事一同
石田祐也（一般社団法人ストリートライフ・メイカーズ／合同会社ishau／一般社団法人ソトノバ）
三浦詩乃（一般社団法人ストリートライフ・メイカーズ／中央大学）
斉藤文香（NTTアーバンバリューサポート株式会社）
衣川史香（NTTアーバンバリューサポート株式会社）
有元香澄（NTTアーバンバリューサポート株式会社）
※所属は活動当時のもの

2023.09.15 #1

2023.11.07
NTTアーバンバリューサポート社内WS

2023.11.09 #2

2023.12.21 #3

2024.01.25 #4

2024.03.04 #5

10M2活動の様子

人を歓迎する10M2へ

日常的にオープンなスペースにすることが難しい場所でも、簡易なテント等でチャレンジショップを出店し、交流や休憩できる空間を生み出す。出店者がゴミ拾いや草むしり等をし、環境の改善を図る。

10M2多様性ツアー

ツアーコンダクターを参加者が順番に行うツアー。それぞれの経験や視点から一つのものについての多様な面を紹介し合い、語り合うことで互いの価値観や文化の違いを受け入れ合う。

物語の持寄りパーティー

住民と来街者が「ものにまつわる思い出」を媒介に触れ合う企画。地域住民の椅子や写真、メッセージカードをまちかどに置く。来街者は椅子に座り、住民の生活を紐解き、メッセージカードへ返信を書く。私的な物語を公的な場に開くことで、このまちは消費の対象ではなく、誰かの暮らしの場であり地元であることを伝えるための試み。10M2幹事にてテスト実施を行った。

子どもにもちょっと一服

喫煙所は一部の人にとって利便施設であるが、喫煙所があることで、高齢者や子ども連れ等周囲で時間を過ごすことができなくなってしまう人もいる。時間帯や曜日によっては喫煙所を「非」喫煙所とし、お茶や飴でちょっと一服できる場所をつくる。

サステナブルファッションのグリーンカーペットショー

橋の名残を利用したポップアップのショー会場。「橋」が持つ出会いや文化の交換装置を、若い世代にも親しみやすく、原宿らしいファッションによる自己表現を応援するコンテンツで表現する。

（イラスト：全て山口大学 蔵重晴香）

03　10M2アクション例

Chapter 3

フォトヒストリー

100年の歴史から学ぶ

このまちの魅力をどう維持して、
それがどう変化していくのか？

　2008年、明治神宮御社殿復興50周年の時に開催された、明治神宮に関する研究を行う勉強会が、この問いかけのきっかけだった。明治神宮が行った生物総合調査によると、神宮の杜には生物の集まりである自然がある、そこから出てきた緑の川が表参道だ。夏の暑い日でも表参道は涼しい、明治神宮に行くともっと涼しい。涼しい風が通るところに生物が通る道ができる。表参道を通って明治神宮の生物が出てくる。さらにキャットストリートなどを伝って住宅の庭・緑に流れていくこの関係が、地域全体の環境を守る上で重要なのだ、と。この勉強会が大変面白く、それを反映したのが「原宿表参道　水と緑が共生するまち」(2013年)で、知り合った講師に執筆してもらった。この本をもう少し具体的で実現可能な方向に持っていくにはどうしたら良いか、1-2章で執筆してもらっているが、本章では街の未来を結論づけたその経緯・歴史を読者にも理解してもらいたい。

　この神宮前・表参道という地域は人気が高いまちである。来街者、住民の方もこのまちが大好きで、町会・コミュニティがしっかりしている。だ

から、商業者に都合の良い、つまり商業のやりやすさだけを考えていてはこのまちはダメだ。商業に都合が良いまちでは住民がいなくなり、逆に住民に特化したまちは商業が入れなくなる。表参道は両方が混じっていられる可能性があるが、そうではなくなっていくかもしれない岐路に立っている。

東京には銀座もあるのに、なぜ表参道にラグジュアリーブランドが出店するのか？ それは、表参道には景観が良い、緑がある、健康的、そういったイメージがあるからだ。住んでいる人、お客さん、商業している人がこのまちを誇りに思える。それがこのまちの特色であり、まちの付加価値である。本章のフォトヒストリーでは 1) ケヤキ、2) 神宮前交差点、3) 商業、4) 原宿駅、5) 地盤沈下、6) ホコ天の6つのテーマを切り口に、貴重な写真資料とともに歴史を辿っていく。表参道ができて100年。大きく変わった。これからの50年、100年ではもっと変わっていくだろう。例えば、交通の観点からは自動運転、カーシェアリングが進むと、駐車場のスペースが激減する。個人所有の車が入らなくなる。空いた空間は歩行者のための空間にしていくべきだろう。表参道がどれだけ変化する可能性があるのか、歴史を振り返りながら、皆さんにも考えてもらいたい。

フォトヒストリー

01　所蔵：国会図書館

02

03

ケヤキ

01 1920年（大正9年）表参道造成時の様子。表参道の青山寄りの位置から撮影された遠景の写真である。正面奥の明治神宮方面には、鎮座祭に合わせて仮設された二重の鳥居が確認できる。まだケヤキ並木は植えられておらず、明治神宮鎮座の翌年1921年にケヤキが植樹された。

02 1936年（昭和11年）ちょうど2・26事件の日に撮影された貴重な写真。当時同潤会青山アパートメントに住んでいた方が、3階の窓から撮ったものだそう。写真の所有者は当時三歳だったが、「危ないから外へ出てはいけません」と言われたそうだ。雪景色の表参道には人はまばらにしかいない。これは植樹15年後の写真であり、仮に2歳のケヤキが植樹されていたとしたら、この写真では樹齢17歳のケヤキが写されていることになる。

03 1940年（昭和15年）2025年現在再開発中だが、2021年まで原宿クエストが建っていた場所付近から神宮前交差点方面を望んでいる。ケヤキは植樹後約20年が経過し、2階建ての沿道建物を超えるほどの高さに成長している。緑の葉っぱが厚く茂っているが、人間の目から見るとちょうどいい高さに見えたのではないか。まちは日の丸や奉祝の提灯で飾られ、紀元2600年の奉祝ムードいっぱいである。

04

05

06

07

04
1952年（昭和27年）同潤会青山アパートメント（現在表参道ヒルズ）を望む写真。第二次世界大戦時の空襲により、神宮前交差点以東のケヤキ並木は同潤会アパートの前を除いて全て焼失した。同潤会アパート前の焼け残ったケヤキは、2024年現在1本しか残っていない。他のケヤキは昭和24年から26年の間に植え替えられたもので、この写真から分かる通り、まだ非常に若く幹も細い。

05
1953年（昭和28年）神宮前交差点付近より青山方面を望む。現在の姿と比べるとケヤキの小ささも際立つが、沿道の建物も低層の民家等が多く空が広く感じられる。道路のセンターラインや中央分離帯等もまだ見られない。

06
1967年（昭和42年）神宮橋より神宮前交差点方面を望む。神宮前交差点以西のケヤキ並木は、戦火でも焼け残ったので、樹齢は約50年弱と考えられる。大きく育ったケヤキの樹形がよく分かる。代々木公園が整備された年で、自動車も多く行き交っていることが分かる。中央分離帯はまだ無く、道路真中にも車線がある。

07
1974年（昭和49年）今は無き原宿駅前の歩道橋から青山方面を見た写真。1972年に表参道を整備した直後である。1964年の東京オリンピック後、選手村等のオリンピック施設の改修が行なわれた。原宿表参道一帯では、千代田線や代々木公園の建

08

10

09

設があった。千代田線建設にあたり重機を地下に入れるために枝を剪定したからか、ケヤキが道路を覆っておらず、傾斜した表参道が一望できる。すでに中央分離帯も見られるが、その植栽は背が低いことが分かる。

08
1974年（昭和49年）表参道で開催されていた音楽イベント「ラブリー原宿」開催日の様子。原宿ピアザビル前付近に多くの人が集まっている。ケヤキの樹齢はおよそ25歳程度で、現在よりも背が低く、目線に近い高さに葉の緑を見ることができる。

09
1997年（平成9年）良好な樹形を維持できるギリギリのサイズまで成長した姿。樹齢はおよそ30歳弱だと思われる。先の写真と比べても、葉の位置は頭上よりかなり高くなり、歩道上に掛かった緑の天蓋のようである。

10
2024年（令和6年）現在のケヤキの姿。戦後に植え替えられたものは、すでに樹齢75歳程度になっている。過度に成長したケヤキの中には樹木診断で不健全とされたものも。中には、根上がりが生じ、路面が凸凹になり舗装が剥がれている場所も見受けられる。

神宮前交差点

01 オリンピアアネックス
1974年（昭和49年）神宮前交差点南西の角地。正面奥には移転前の交番があり、オリンピアアネックスとの間には、現在はハラカド建設に伴う大街区化で無くなった路地も見られる。

02 東京中央教会
1974年（昭和49年）神宮前交差点北西の角地。現在この地にはラフォーレが建っており、教会はその裏に移動している。右手には、原宿セントラルアパートも映り込んでおり、その前にあるプランターの花壇はよく手入れされている。

03 原宿セントラルアパート
1980年（昭和55年）神宮前交差点北東の角地。1958年に明治通りの棟が、その後表参道沿いの棟が建設された。元々米軍関係者等の共同住宅として建てられたが、上層階にデザイナーやクリエイター等が入居する事務所、下層階には喫茶店やクリーニング屋などの店舗が並んでいた。当時の最先端の若者文化発祥の地として知られている。

02

（出典：Hazama Ando Corporation） 03

04

04 ティーズ原宿
2000年代 神宮前交差点北東の角地。セントラルアパート跡地に開業した商業施設。施設にはGAPなどが入居し、原宿GAP前と言えば、美容院のカットモデルのハンティングや、ファッション誌のスナップ撮影が行われる有名スポットとなっていた。

05 原宿八角館ビル
1997年（平成9年）神宮前交差点南東の角地。神宮前交差点の他3つの角地ではファッションビル開発が進んだが、2024年現在ここは健在である。

06 ラフォーレ原宿
07 東急プラザ表参道「オモカド」
08 東急プラザ原宿「ハラカド」
2025年（令和7年）1978年にラフォーレ原宿、2012年に現在の東急プラザ表参道「オモカド」、そして2024年に東急プラザ原宿「ハラカド」がオープン。原宿表参道エリアのファッション、文化の発信拠点として、平日休日問わず多くの人が集っている。

05

06

07

08

01

商業

01 米軍将兵向け店舗（アイスクリーム屋）

1953年（昭和28年）終戦後、現在の代々木公園に米軍のワシントンハイツが建設されたことで、表参道沿道には米軍関係者向けの店舗が並ぶように。この写真に写るアイスクリーム屋もその一つで、現在のハラカド付近に建っていたような記憶がある。

02 露天商

1974年（昭和49年）原宿セントラルアパートの1階にあったクリーニング店前の階段で、アクセサリーを販売している若者の姿。以降、歩道沿いには、アクセサリー、絵やイラスト、Tシャツなどを地面に広げた露天がたくさん並ぶようになり、道路の不法占用として社会問題となった。

03 ハイブランド旗艦店の出店

2002年（平成14年）今でこそ数々のハイブランドの旗艦店が立ち並ぶ原宿表参道だが、そのきっかけの一つになったのが2002年のルイ・ヴィトン表参道店のオープン。この後、続々とハイブランドが表参道沿いに出店するようになった。当時から若者ファッション文化の発信地であったことに加え、ケヤキ並木など緑あふれる環境があったことも、ハイブランド出店の動機に挙げられるだろう。2025年現在、数多のハイブランドショップ、大型の商業施設が建ち並び、若者だけでなく、海外観光客も多く訪れる、世界でも屈指のショッピングストリートになっている。

02

03

3 フォトヒストリー | 105

02

03

原宿駅

01 ほとんど人が歩いていない原宿駅

1952年（昭和27年）写真の原宿駅駅舎は1924年に建設された木造駅舎。2020年の新駅舎建て替えまで建っていたので、原宿駅と言えばこの姿を思い出す方も多いのでは。当時は、山手線のなかで最も乗降客数が少ない駅として知られており、写真のように駅前も人通りはまばらだった。

02 多くの人と車でごった返す原宿駅

1983年（昭和58年）1964年東京五輪などもあり、原宿駅の乗降客数も徐々に増え、80年代になると若者を中心に多くの人が集まる駅になった。写真は1983年10月10日で祝日ということもあり、駅前に多くの人と車が集まっている様子が分かる。

03 建て替え後の原宿駅

2025年（令和7年）東京を代表する街になった原宿の玄関口として、新駅舎は2020年に供用を開始した。なお、大正時代から建つ木造駅舎として愛されていた旧駅舎は一旦解体されたが、元々の姿を極力再現した商業施設として再建されることになっている。

01

02

地盤沈下

01 千代田線換気口と歩道の取り合い部

2007年(平成19年) 表参道の歩道部分は地盤沈下している。これは、地下鉄工事で地下水が来なくなったために地盤が落ちているのではないかと考えられている。写真のように、基礎構造がしっかりとした地下鉄施設は沈下せず、周りの歩道が沈下しているため舗装がガタつき、剥がれてしまっている箇所も見受けられる。

02 沿道建物と歩道の取り合い部

2007年（平成19年） 建物側も同様である。基礎がしっかりとしたビルでは沈下は起きていないが、前面の道路が地盤沈下しているため、元々綺麗にすりついていた舗装が剥がれてしまっている。

©Kaku Kurita／amanaimages **01**

02

ホコ天

01　原宿ホコ天（代々木公園側）
1980年代　元々は土日の騒音問題解決のために始まった原宿ホコ天は、ローラー族や竹の子族等、路上でダンスパフォーマンスをする場所になった時代もあれば、バンドブーム時には毎週インディーズバンドがそこら中で演奏する場所になっていた。ここから巣立ち、プロとして今も活躍しているバンドも多い。

02　歩行者天国（原宿側）
1987年（昭和62年）ラブリー原宿の開催に伴い歩行者天国になっている表参道の様子。道いっぱいに広がり、楽しみながら多くの人が歩いている。2025年現在では、銀座や新宿など限られた街でしか歩行者天国は開催されていないが、この写真を見ると、やはりその良さが伝わってくる。

03-1

03-2

03-1,2,3
多種多様な道路封鎖イベントが行われる表参道

2024年(令和6年)8月には原宿表参道元氣祭スーパーよさこい、10月には原宿表参道ハローハロウィーンパンプキンパレード、12月にはケヤキ並木を彩る表参道イルミネーション等さまざまなイベントが開催され、道路空間をハレの場として活用している。

03-3

まとめ

編集を終えて

　表参道の50周年を記念する本書は、第1章「未来の原宿表参道まちづくりビジョン」、第2章「まちづくりビジョンを実行するために」、第3章「フォトヒストリー」という三段の構成で、はじめに未来を構想し、そのために現在できるアクションのアイデアを探った。そして、そうしたアイデアが近視眼的にならないようにという想いも込めて、最後に写真で追える範囲であるがこれまでの都市活動の変化とそれらを包容してきた水と緑のあり方を振り返った。目標とする未来像を描き、次にその未来像を実現するための道筋を未来から現在へとさかのぼって記述する「バックキャスティング」的アプローチであり、欅会の皆さんと企画協力を行なった私たちの間で、一連のまちづくり勉強会・ワークショップを企画する際に重視してきた姿勢そのものである。

　こうして、地域の皆さんの声、専門家のまなざし、学生による踏査、そして各種のデータといった多角的な内容をまとめた本書を通じて、100年前に形成された神宮の森と参道のケヤキ、その生育を支えた古来からのこの地の地形や水環境を、東京の他のエリアには今後も再現できない価値として再発見し、社会的・経済的情勢が大きく変化してもまもり育てていく方針を大きく掲げている。この「水と緑のまちづくり」の方針をまちの関係者だけではなく、表参道・神宮前エリアに関心のある読者の皆さんにも広く共有できればと考える。こうした価値ある環境に「歩行者中心のまちづくり」「クリエイティブなまちづくり」の取り組みを積み重ねることで、誰もが住まえる／住まい続けられる機会を開いていくようなまちづくりビジョンを民間組織主導で提唱した。各国の都市デザインの潮流からみても国際的にも誇れる内容と言って良く、本ビジョンが実現することは東京全体の競争力をも高めるだろう。実現のためには、表の幹線街路と住商混在エリアの緑と人の動きを繋ぎ合わせること、そのために、交通環境を大きく見直すことが不可欠である。段階的に社会実験を行うこと、安定的な財源確保のためにもエリアマネジメントを整えていく必要性があることについて、強調した。2013年発行の『原宿表参道2013 水と緑が協生するまちづくり』においても、エリアマネジメントについては言及されており、バナーを取り入れることなど、今ではもう当たり前のように馴染んできている。本書では「開かれたプランニング」として、既存組織間のパートナーシップ、協議会と非構成員をつなぐ体制にまで触れ、10年前よりも根本的に、この地域ならではのエリアマネジメントの思想を示せたのではないかと考えている。

　次の10年、そして100年に向けて、本書が各所の議論の素材として活用されていくことを期待したい。

まちづくりビジョンの3レイヤー
（作成：SOCI.inc）

　最後に、編者の原宿表参道欅会の皆様、勉強会でレクチャーいただいた福岡先生、竹沢様、服部先生、野原先生、水谷様、そして原宿「ホコ専」構想を提案された太田様、まちづくり勉強会に参加された地域の皆様、チーム10M2のメンバー、コロナ禍中のワークショップにつながる専門的な議論をブラッシュアップしてくださった新街路構想研究会の皆様、表参道に視察に来られて国際的なストリートデザインの潮流からご意見をくださったTransport for LondonのDominic Cherry氏、そして、今回のこの出版を実現するために尽力してくださったけやき出版の皆様に心より御礼を申し上げます。

三浦詩乃　一般社団法人 ストリートライフ・メイカーズ／中央大学
石田祐也　一般社団法人 ストリートライフ・メイカーズ／
　　　　　合同会社ishau／一般社団法人ソトノバ

おわりに

『原宿表参道
100年先を見据えるまちづくり』
発刊にあたって

2020年、創建100周年を迎えた明治神宮。

当時荒地だった代々木の地に、悠久の鎮守の杜を造るべく、明治の叡智が集結され、100年先、150年先を見据え、10万本を超える献木を使用した植栽が実施されました。

神宮の創建ともに、昼の最も短い冬至の日の出の方向に位置する、メインの参道として整備された表参道では、その象徴でもあるケヤキの並木が、空と繋がっています。

春の訪れとともに芽吹き、新緑から徐々に深くなる緑の葉、秋が深まるにつれ紅葉し、冬にはすべての葉が落ち、来春の芽吹きの力を蓄える。

四季折々に様々な移ろいを魅せるケヤキ並木は、誇り高く立ち並び、「変化を恐れず、変化とともに生きよ」と、私たちにエールを送ってくれています。

2023年に設立50周年を迎えた、私ども、商店街振興組合原宿表参道欅会は、明治神宮奉納　原宿表参道元氣祭スーパーよさこい、日本で最も古くから開催されている子供たちのハロウィンパレード、冬の風物詩でもあるイルミネーションなどの催しを通し、地域の経済環境だけでなく、住環境、また教育環境の向上に寄与すべく、活動しております。

この度、時代とともに変化を続ける原宿表参道エリアにおける、未来のまちづくりヴィジョンを、多くの皆さまと共に考え、共有する機会にしたいとの松井誠一相談役をはじめとする多くの皆さまの情熱とご尽力により、50周年記念誌『原宿表参道100年先を見据えるまちづくり』が発刊される運びとなりました。

本書では、原宿表参道エリアの持つ可能性について、松井相談役を中心に

専門家の先生方をはじめ地域の皆さま、当会関係者の皆さまに参加いただいた勉強会を重ね、様々な視点、角度からの考察、研究の成果として提案された、まちづくりの未来イメージを、これまでの歩みの振り返りとともに掲載しております。

　本記念誌発刊にあたり、ご支援ご協力を頂きました多くの関係者の皆さまに、厚く御礼を申し上げます。
まちを愛する多くの皆さんに、本書を是非ご一読を頂き、原宿表参道エリアの将来を一緒に考えていただく、一端として頂ければ幸いです。

商店街振興組合原宿表参道欅会
理事長　松本ルキ

【編者紹介】
明治神宮の表参道と神宮前交差点両側の
明治通り沿いを区域とする、原宿表参道エリア
を代表する商店街。昭和48年(1973)4月「原
宿シャンゼリゼ会」として設立。昭和60年
(1985)8月振興組合として法人化。平成11年
(1999)9月原宿の発祥の地に位置すること、
歴史的に明治神宮の表参道であること、シン
ボルである欅(けやき)から「原宿表参道欅会」
と名称を変更。環境への取り組みのほか、景
観整備、安全でバリアフリーなまちづくり、来訪
者が楽しめるイベント開催などに取り組んでいる。

原宿表参道オフィシャルナビ
http://omotesando.jp/
原宿表参道欅会事務局
TEL 03-3406-4303　FAX 03-3406-0955

原宿表参道
100年先を見据えるまちづくり
商店街振興組合原宿表参道欅会 50 周年記念誌

2025年3月31日　　初版発行

編者　　商店街振興組合原宿表参道欅会
編集協力　石田祐也　三浦詩乃
デザイン　松竹暢子
発行者　　小崎奈央子
発行所　　株式会社けやき出版
　　　　　〒190-0023　東京都立川市柴崎町 3-9-2　コトリンク3F
　　　　　TEL 042-525-9909　FAX 042-524-7736
　　　　　https://keyaki-s.co.jp

ISBN　978-4-87751-650-5　C0036
©Harajuku Omotesando Keyakikai 2025　Printed in Japan
無断転載・複製を禁じます。